悦读好故事系列丛书

去敲幸福的门

QU QIAO XINGFU DE MEN

顾文显◎著

安徽师范大学出版社
·芜湖·

图书在版编目(CIP)数据

去敲幸福的门 / 顾文显著 .—芜湖:安徽师范大学出版社,2017.3
(悦读好故事)
ISBN 978－7－5676－2699－7

Ⅰ.①去… Ⅱ.①顾… Ⅲ.①中篇小说－小说集－中国－当代
②短篇小说－小说集－中国－当代 Ⅳ.①I247.7

中国版本图书馆CIP数据核字(2016)第311071号

去敲幸福的门　　顾文显◎著

责任编辑:禹晓雪
装帧设计:任　彤
出版发行:安徽师范大学出版社
芜湖市九华南路189号安徽师范大学花津校区
网　　址:http://www.ahnupress.com/
发 行 部:0553-3883578　5910327　5910310(传真)
印　　刷:浙江新华数码印务有限公司
版　　次:2017年3月第1版
2017年3月第1次印刷
规　　格:700mm×1000mm　1/16
印　　张:14.75
字　　数:210千
书　　号:ISBN 978－7－5676－2699－7
定　　价:35.00元

目　　录

第一辑　设个套儿让你钻

第二辑　天上掉下一笔财

第三辑　怕他不认真

第一辑

设个套儿让你钻

第一辑

好男不与女斗

张发祥外号犟驴，当工人时，活一份儿，脾气一份儿。领导不跟他一样，不但没把他咋的，还让他年年当先进。后来，厂子改股份制了，他的心理一下子失了平衡，那个厂长居然一下子白得51%的股份！这样，工人阶级还是主人吗？他气得一下子把工龄买断，拿着一万多块钱离了厂子。同事们说他是不是有病了，犟驴嗓门儿比驴都大："我就是病了，精神病！"

犟驴再犟，也犟不过肚子。老婆病死后，他一个人当家，民主不民主一个样儿。他决定把市区的房子租出去，把这一万多块钱投上，去郊区一个偏僻的地方开了一家饭店，起名就叫"犟驴饭店"，玻璃窗上贴着他的经营宣言"少钱咱不干，错了砸咱店！"犟驴自从老婆病倒在床，他自己练就了一手厨房硬功，他又找来几个同病相怜的下岗弟兄改刀、端盘子，借了一盘放鞭炮的录音带好一顿折腾，饭店就开了张。

犟驴人犟，却从不跟科学顶牛。他早琢磨出一整套经营方针：价钱低，态度好。小店经营的全是老百姓能消费得起的档次。穷哥们儿将八张桌子挤得满满登登，他小店的白酒免费喝，米饭随意盛，给谁谁不来呀？再看犟驴，小围裙一扎，灶上灶下一人顶，那叫"脚烧火，手和面，胳膊肘子捣大蒜……"厨房里一叫勺，砸出一片喝彩声！

别看犟驴其貌不扬，他脑子可机灵得出奇，那菜做得色香味俱全，价低量大。他天天琢磨新菜谱，因此整天门都推不开，有时候客人来一看，桌子坐满了，换地方不甘心，就在外面等。犟驴有对策，赊回来一批小塑料凳儿，请他们坐在外面打扑克。这等于是做了广告：瞅瞅，这饭店火的！晚上在饭店睡觉兼看摊子，犟驴数着钱，美滋滋地想：照这样，薄利多销，一个月收回成本，两年就奔小康，娶个老板娘，她得往漂亮了长，丑的咱还不要呢。

哪想到好景不长，小饭店不多不少，整整红火了俩月。咋？竞争对手来了。斜对过有家卖建材的商店被人兑了去，改巴改巴，招牌挂出来吓他一跳：母老虎饭庄！犟驴觉得他这饭店热闹，的确跟店名有点关系，可对方不但学了他的点子哗众取宠吸引顾客，而且这名字压他一头：老虎无论公的母的，一律吃驴不眨眼！一夜间，犟驴的牙花子肿起老高，看来他两年奔小康的计划要泡汤！那边连鞭炮录音都没放，就那么悄悄地开了张。可犟驴发现不对劲了。又咋？一连几天，他这里八张桌没一次满过。还用问？都跑对面去了！

犟驴这气呀，小县城的人咋就这智商，人家干什么他学什么，不挤黄了睡不着觉！且去看看是什么“鸟儿”。犟驴慢吞吞地踱过去，鼻子气得跟左耳朵作伴去了。这老板自称“母老虎”，不但年龄小他一截，而且眉清目秀，小体型长得那可是要腰有腰，要臀有臀。怪不得都来捧她的场，就冲这女人模样来的。哼，来吃饭的男人都是贱骨头，花了钱，捞着什么便宜了？真是。

犟驴回去便挨桌敬顾客们的酒：“各位都是我的老上帝，更值得敬佩的是，不好色，对门那么漂亮的女老板都打动不了各位的心。从今天起，本店再打八折。”顾客们让他敬的心里不是滋味，干吗我们不去呀，那是没挤上座位！

晚上犟驴清点营业额，还不及往常一半。这个母老虎啊，你当真对驴下口了？你知道我犟驴死了老婆下了岗，孤身一人守空房的难处吗？偌大个城市，哪地方不好去，却来跟我作对？他发现，母老虎做生意样样都学他，起店名，免费白酒，米饭管够……可是他干气没办法，这东西申请不了专利呀。犟驴半夜三更扯起驴嗓子，盯着空房子发泄，却把歌词唱拧了："你牵着担，我挑着马……"

犟驴的弟兄们也替老板抱不平。有位哥们替犟驴出气，他自掏腰包，悄悄雇了二十个蹬三轮车的，让他们明天傍晚去母老虎那边，占上桌子，喝俩小时，他每人给补助五元钱。把那些吃饭的都挤这边来！那哥们觉得为朋友做了好事，偷偷观察，这边吃客并没增加，母老虎依旧满面春风！他溜过去一看，鼻子马上不透气儿啦：那些蹬三轮的，不按他吩咐几个人点一盘菜，而是要了满桌子；还有确实吃不起的，买一盘豆腐，端角落里蹲着吃。合着连五块钱补助费都用不上，白吃！这哥们出门就跟他的"雇佣军"翻了脸，可他们一脸无奈："下不了手哇，老板，人家姑娘那份热情，给你，你也没戏。要不，我们退您那五块钱。"得，这哥们给气了个倒仰。回去后，犟驴坚决把钱还给他："兄弟，再有这事，得跟哥商量。这么做有些损，那不等于欺负弱女子了嘛。"

嘿，哥儿个不认识似地瞧着犟驴："老板你怎么也知道怜香惜玉了？还是那话，你怜也白搭呀。"

在母老虎那边吃了败仗，犟驴又开始尊重科学了。他躺在破床上，跟炒瓜子儿似的，不住地翻个儿，到底想出了原因：刚开业时，顾客是他的患难兄弟、衣食父母，他那份感情从心底里发出；而后来人多了，他嘴上喊"上帝"，其实心里有施舍的成分，赏张板凳儿让那些人顶着太阳甩扑克，他满脑子是成就感，于是，围碟也不再奉送，白酒换成那种最便宜的，米饭常常吃空，一句"对不起"就给人打发了……自古以来，哪家买卖靠这样子能发达？对呀，这跟母老虎有什么关系？

下决心改善了服务质量，犟驴的生意旺了起来，他再把奔小康的目标改到了两年半。看顾客吃喝得高兴，他又受了感染，亲自送水敬烟，问："最近怎么回到这边来了？说说看。”“没别的，对面女老板告诉我们来的，她说你们两家连锁了，那边是你的子店呢。”

拧了吧？母老虎说犟驴的店是她的子店还差不多。可犟驴问了几位，众口一词：“女老板自己承认的呀，她说她赚了点钱，都是跟您犟……张老板学的。”

这天晚上，犟驴又独自躺那张破床上，“咯吱咯吱”地给自己伴奏。前后一想，那母老虎还真是个有情义有良心有风格的好女子，哪个王八犊子恁好的命，能娶到这样的老婆？犟驴爬起来对天发誓：“今后我虚心向母老虎学习，宁肯掉肉，决不掉面子。”

犟驴跟他的弟兄们约法三章：今后对母老虎，只搞光明正大，不搞阴谋诡计，咱用事实打败她，世上的事绝对不全是中国男子足球，没那么阴盛阳衰！

“犟驴”终于跟“母老虎”并存，谁也没吃掉谁，谁也没被谁吃掉，两家古里古怪的店名倒成了郊区一道风景，连市区的客人都情愿打出租到这边来。

两年一晃过去。犟驴钱多了，给哥几个涨了工资，又把邻家一处房屋买过来，打通了准备扩大店面。

也就是这天晚上，犟驴老板刚躺下，有人敲门。是母老虎！犟驴一慌，真是丢尽了面子：那破床一股脚丫子味儿，他硬让人家坐；人家不抽烟，他给拿过一整盒；想沏点茶，却把茶叶泡在了烫酒用的壶里……

母老虎望着犟驴：“张哥，你买那房子干什么，挺贵的。”

“营业场所太小了。”犟驴心里一哆嗦：“她这是妒忌我，怕我吞了她的生意？还别说，如果她提出让我别扩大，我还真得听她的，好男不与女斗嘛。”

母老虎眼泪下来了：“张哥，我那边的小店照原价兑给你吧，我没能力经营了。我早就说，那是您的子店，现在收过来吧。”

什么？热火朝天的饭店，怎么说停就停了？没有了竞争对手，他干的还有啥意思？犟驴头一次对女人这么温言软语："妹子，别啊，遇到什么困难跟我犟驴说，我这人脾气孬，人还不算坏。"

"我知道，张哥这些年给了我很大的帮助，我都是暗暗偷学了您的招法，才混到了今天，我得感谢您哪。"

"什么话呀，资源共享嘛。"犟驴抽了自己一个嘴巴："你瞅，夸我胖，我还喘上了。其实妹子，我是跟你学的呀。"

女老板含着眼泪说，一直没敢承认自己是个寡妇，怕有坏男人来纠缠。其实，她丈夫死于横祸，一分钱的赔偿没讨到，她只好把女儿寄养在老妈那里，自己离开那小镇，到这边打拼。如今老妈年纪大了，她得回去照顾，女儿也好进学前班了……

"这点事儿呀。"犟驴长嘘一口气："妹子，别啊，你把老人家和女儿接过来，这边条件多好啊。你的店，这段时间我帮助经管，放心，一分钱差不了，我决不让你那名牌饭店消失……"

"我也舍不得呢。"女老板意味深长地说："张哥如不嫌弃，那就替我经管，我可能得两三个月呢。回来，加倍付您劳务费。"

"说什么外道话呢。快去快回。"

犟驴自己也莫名其妙，好容易去了一个对手，他为什么低三下四地免费帮助人家打理，这不是变相给她打工嘛？当初骂人家贱，自己也贵不到哪去呀。

第二天，犟驴接管了母老虎饭庄，用的心比自己那边还细。顾客两边都一样啦，就问他："张老板，你把母老虎收编了？"

犟驴心里得意，讲出来的话却不甚争气："哪能呢，是她收编我们。人家是庄，俺才是个店，你们说，庄和店谁大？只怪店名没起好。"

晚上，犟驴躺在床上想一阵母老虎，又骂一阵自己："啥品行呢？人家男人死了，你高兴个屁，真是个王八犊子。"对，明天就自己骂自己这话。不就王八犊子嘛，有啥呀。

瘫女子和盲男人

绝望中遇到小伙伴

向阳老人幸福院送来一位容貌清秀的女人。

这女人叫李惠芳，52岁，原是山村妇女，儿子大学毕业后，有了工作和老婆，去年就把她接来城里，小两口将来要生孩子，老人正好边看着孙子，边安享晚年。没想到李惠芳波折多，无意中摔了一跤后，半边身子没了知觉。儿子儿媳两人工作都忙，无法照顾瘫痪的母亲，尤其怕她想不开，有个三长两短，就把她送到了这儿。想想进城不但没帮上儿子的忙，如今成了废人，反要靠花费儿子的钱财活着，李惠芳整日以泪洗面，天天盼着快点死去，好减轻儿子肩上的负担。这种心态对一个病人来说，无异于雪上加霜。但心病是别人劝不了的，任凭院长和服务员苦口婆心，然而，李惠芳还是一天天消瘦了下去……

这天，李惠芳正躺在床上流眼泪，忽然听见门外有一个声音："我来看看满桌儿妹妹。"谁呀，怎么知道她的小名？李惠芳正疑惑着，门开了，摸摸索索进来一个高个子盲人，这盲人两眼深陷，胡子拉碴，进了门，站住："哪个是李惠芳？我是冬瓜啊。"

"冬瓜哥哥！"李惠芳记忆的闸门一下子打开了。

40年前,惠芳和冬瓜哥同在一个偏僻的小山沟居住。冬瓜哥姓叶,父母早亡,他一个失明的孩子,只能跟着哥哥嫂子生活。冬瓜哥好可怜啊,不是一个人孤零零地坐在院子里编榆条筐,就是摸索着扫院子。嫂子总骂他,不是嫌他打翻了鸡食盆,就是嫌他把鸡屎沾在笤帚上了。后来,冬瓜哥就离家出走,再也没见回来。那年冬瓜17岁,惠芳只有14岁。

冬瓜哥在惠芳的床边坐了下来。他说,离家后他起初是在小城乞讨,后来遇上了好心人,不但教会他技术,还帮忙在福利厂找了个工作,而且娶了一位残疾姑娘为妻,让他拥有了幸福生活。可惜妻子命不长,过早地离他而去。冬瓜哥一直做到退休,由于没有亲人,他决定来幸福院养老,没想到,在这儿遇上了当年的小伙伴。

两个人回忆了半天童年的事。冬瓜哥感叹地说:“你那么善良个人,怎么会得这种不幸的病,真不如让我这个废物替了你去。”惠芳不由落下泪来:“哥呀,我真想早点结束。可那样做,儿子、儿媳今后人前怎么抬头?我现在是生不如死呀。”

冬瓜安慰她,别悲观,他有个邻居林大嫂,全身瘫痪,可是硬被家人逼着锻炼,现在能扶着墙走路了。大夫说,照这样坚持下去,林大嫂完全可以像正常人一样生活。“你不信,哪天我可以请林大嫂过来你看看。妹子,不可以躺着。反正我这个瞎子闲着没事,我帮你锻炼一下试试?”

“可我……这不是三天两早晨的事,怎么好意思劳累你呀。”惠芳没信心。

冬瓜空洞的眼里流出了泪水:“妹子,小时候的事情我还记得。老孙头种瓜,老顾太太家中有李子园。是你常常偷了瓜果给我送来……这份情我一辈子也忘不掉,你得给我个报答机会呀。先试试,没效果的话,咱再停了怎么样?”

说着,瞎子就让惠芳穿上鞋,把她抱到了院子。好晴朗的天呀,好清新的空气！冬瓜让惠芳用那只好手扶墙，他架起惠芳那只没知觉的手，强制她站了一阵。直到惠芳实在支撑不住时，冬瓜才把她抱回房间。冬瓜高兴地说："有你这个明眼人给我瞎子当眼睛，我可以放心大胆地走路了！"

放下惠芳，冬瓜给惠芳按摩。冬瓜哥的手指很有力气，加之他受过专门训练，按了一个多小时，惠芳感觉半边麻木的身子似乎有了点儿感觉，可看到冬瓜额上的汗水淌成了溜儿，她实在不忍，劝了几次，最后只好说自己困了，这才让冬瓜哥停了下来。

热心的瞎哥哥

从那以后，冬瓜哥每天天不亮，就悄悄推开了惠芳的房门，轻轻把她抱到外面锻炼。早晨，下午，晚饭后，一天三次锻炼，两次按摩，风雨不误。坚持到转过年春天，惠芳另一半身体有了知觉，可以扶着冬瓜哥的肩膀，慢慢地"走"到院子里了！

这真是连医生也不敢相信的奇迹。惠芳儿子、儿媳感激得眼含热泪，不住嘴地向冬瓜伯伯道谢，儿子还特意带给他一瓶10年酿的好酒……

由于惠芳可以配合，她户外待的时间一天比一天长，有时还能"走"出幸福院的大门，看路上车来车往。冬瓜哥歌唱得好，当年一曲《老房东查铺》听得小惠芳如痴如醉。现在，他又把陈年记忆翻了出来，惠芳累的时候，就唱当年的老歌儿给惠芳解闷儿。

惠芳想到，冬瓜哥等于是救她一命，恩情天高地厚，怎么报答都不为过。可儿子仅仅送他一瓶酒，他还反过来千恩万谢。悄悄一打听，服务员告诉她："叶大叔就是爱喝酒，顿顿没个够。我们劝他少喝点，他说，就算戒饭、戒命也不能戒酒。自从帮助你锻炼，再没沾过酒杯……"

惠芳心里"咯噔"一下。多半年了，自己怎么就光想着生啊死啊的，对救命恩人却漠不关心。再锻炼时，她便问冬瓜哥："你怎么不喝酒啊？"冬瓜哥说:“我这么重要的任务,哪敢?摔着你,一万个冬瓜也赔不起呀。再说,喝酒有味儿,怕你讨厌,不再跟我锻炼了,那可就是等于毁了你这个好人啊。”

惠芳的眼泪像决了堤的水。稳定了半天,她才说,她喜欢闻那股酒香,喝酒才有男人味儿。其实惠芳特别讨厌酒,丈夫生前总是喝得醉醺醺,回来就不管死活地折磨她。丈夫死后,有一个当干部的瞧上了惠芳的容貌,不嫌弃她拖着儿子也要娶她,但就因有次约会时,那男人喝得语无伦次,第二天,惠芳死活不干了……而现在,她觉得只有让眼前这个男人随心所欲地喝酒,才是她最大的安慰。

冬瓜哥想了半天,到底是忍不住:“那我往后少喝点,惠芳,我把酒桶放你屋里,你每天给我把关,我这人酒德不好,见了酒,跟苍蝇见了血似的。”

“好。”惠芳说:“反正一样的伙食,就让服务员送到我房间里吧。”

打那时起,惠芳就与冬瓜哥一起吃饭。她每餐发给冬瓜哥半玻璃杯白酒,冬瓜哥端起一掂,总会夸张地说“多了,多了……”可每次都喝得一滴不剩,然后就是锻炼,按摩。

奇迹源于恒心

转眼两年过去。惠芳另一条腿也有了知觉,她甚至能扶着墙走出好几步。冬瓜哥激动得抓住惠芳的手攥了又攥,然后,双手抱头放声大哭,吓得院长、服务员全跑了出来。等弄清楚是惠芳有了重新站起的希望,所有的人都高兴得落了泪。

听到好消息,儿子、儿媳当晚就开车过来,向老妈祝贺。儿子给叶伯伯买了套新衣服,当然还有两瓶好酒。儿子差点要给冬瓜磕头了:“要不是伯伯,我妈可难了!伯伯,我妈就拜托您老人家了。”儿子这样懂事、得体,这让惠芳万分欣慰。

儿子走了。惠芳要上厕所。

冬瓜还是像往常那样扶她进去。厕所里有专为残疾人做的坐便器，惠芳说："那东西要塌了。冬瓜，你不是说你看不见吗，好人做到底，你力气大，就像把小孩那样，把我尿吧。"

惠芳自己也不知道，什么时候把"冬瓜哥"省略为"冬瓜"了。

"冬瓜，我现在扶着你能走挺远的路了。你带我看看那个林大嫂去吧。"惠芳央求道。

"谁？哪的林大嫂？"冬瓜一脸茫然。

"你不是说，邻居林嫂经过锻炼，重新站起来了吗，我想跟她说会儿话去。"

"哎哟我的妹子哎，"冬瓜想起来了，"那是我怕你没信心，编个谎儿骗你的，说完哪还记得什么林嫂。"

真是煞费苦心啊。

这天晚上，惠芳失眠了。

儿子白天说得对呀，没有冬瓜，她早死了。死了，谁代她继续心疼儿子，谁代她实现亲眼看到儿子的儿子是什么样子？冬瓜能给她生命，她难道不可以给冬瓜一双眼睛？有一天，冬瓜搀着她去过冬瓜那间小平房。小平房现在托付他侄儿照看着，如果两个人相互帮衬着在那里度过晚年，该是多么温馨的一件事啊。

儿子的话又在耳边响起："我妈就拜托您老人家了。"不枉自己守寡多年，含辛茹苦地供儿读书……读书人通情达理，理解老年人也需要感情的慰藉。他那话，就是含有鼓励与暗示，惠芳怎么会不感激儿子呢？

天刚亮，冬瓜照例扶她出门。走出大院，惠芳坚决地说："冬瓜，你得娶了我。"

"你说什么？"冬瓜声音都变了，"这怎么可能，我是个瞎子。"

"反正你得娶我。你都听见我撒尿了。"惠芳不容置疑，她一把搂住冬瓜,眼泪鼻涕都流到他肩膀上了:“你给了我生命,并且给了我关怀。我生日那天,这个世界上只有你给我买了化妆品,你多无私啊,我打扮得再漂亮,你自己却看不见。”

“惠芳,你不用感谢我。我心甘情愿这么做的。”冬瓜说:“你趴在我肩膀上,我就感觉到了女人的气味,真好啊。说来伤天害理,我还天天怕你彻底康复,那样就扶不到你了。”

惠芳的心又是“咯噔”一下子。冬瓜对她如此依恋,不嫌弃她瘫痪呢,她更应当终生伴随在身边了。

冬瓜说他还得感谢惠芳。小时候,惠芳偷瓜、偷李子,还唱歌给他听。

“错了,冬瓜哥。”蕙芳一鼓气,说出了真相,“你说的是后来嫁到河北的小带弟,她心善良,总去关怀你。可我小时候挺坏,经常偷偷地从篱笆外扔土块或者小瓜纽儿打你呢。”

冬瓜紧紧地抱住惠芳:“我一个瞎子不可能记错事的。从前是故意那么说。其实满桌,我也感谢你。你不知道我自己坐在院子里编筐多寂寞,你能跟我淘气,就说明有人拿我当人,我怎么能不感激?”

为自己活一回

惠芳就成了冬瓜的恋人。两人商量,入冬就领结婚证。

这一天,儿子喜气洋洋地来看妈。儿子告诉惠芳,他要升科长了。公示、民意测试,一点问题没有,刚才他喝了同事们摆的加官酒。

惠芳让儿子把她扶到了外面。她告诉儿子:“妈要跟你商量个事。妈想跟你叶伯伯到一起过日子。这样,我锻炼好了,既能照顾他,也还能看到你们两口子的今后。”

“什么?”儿子脸一下子变了:“妈,您怎么有这想法?”

儿子说,他好歹是个知识分子,现在又当了官,妈改嫁给谁都无所谓,但嫁个瞎子,这让他怎么在领导和同事前抬得起头?

惠芳说:“说这话没良心了。若没有叶伯伯,妈早死了。”

“不行。坚决不行,恩情不等于感情。”儿子说,“假如您当初死了,那是另一回事;现在活着,就得活得合情合理。当然,咱要感谢姓叶的,我可以给他补偿。”

儿子走了,惠芳痴呆了一样。她突然明白过来,当年为了儿子守寡,眼下她还必须为了儿子的脸面,远离瞎子。按儿子的话说,假设前年她死掉,那倒正常;假设嫁给瞎子,那就是有悖常理,在儿子的心目中,当妈的嫁给瞎子,还不如当初死了。

惠芳流了一夜泪,她不知如何是好。

天亮了,冬瓜没来搀她锻炼。惠芳一下子感觉世上缺少了好多好多的东西。她挣扎着下地,扶着墙去喊服务员。服务员告诉她,昨天夜里,惠芳的儿子、儿媳双双来看冬瓜伯伯,给他一万块钱,求他别骚扰妈妈。冬瓜没有收钱,而是当着小两口的面,让服务员结了账。小两口千恩万谢,不但帮助瞎子搬行李,还用自己的车给送回了家。

原来是这样。惠芳回床上躺了一上午。

吃过午饭,下起了大雨。惠芳看着窗玻璃上的雨水,呆呆地想:冬瓜的房子能那么快就腾了出来?他侄儿会尽心尽力地帮助收拾吗?屋子现在漏不漏啊?想着想着,她心一动。她决定嫁瞎子已经不是感恩,她确实离不开他了。熬到天黑人静时,惠芳披上雨衣,悄悄摸出了大门,靠手电的光,扶着墙一步步向冬瓜的小平房移去。

过了这条马路,就离冬瓜家不远了。惠芳记得路对面有只邮筒,她憋足气,趁没汽车的机会,硬撑着过了这条路!就差两步便可倚着邮筒喘口气了,可恨那只脚抬不起来,被马路牙子一绊,她倒在了雨水中。倒下时,她听到服务员一声喊叫:“阿姨!”原来是院长带着服务员追了过来。

“大姐,您怎么自己跑出来了,多危险。”院长心疼地批评她。

惠芳求大家把她扶去冬瓜那儿。

院长很为难:“是您儿子把您送到这儿来的,随便送走,我们负不起责任呀。”

惠芳把她与冬瓜的事说了。院长和服务员们都感觉冬瓜虽然是盲人,可两年多他每天三次、风雨无阻地帮助惠芳锻炼,每天两回一丝不苟地按摩,不但做儿女的办不到,就是法定的丈夫,有如此耐心的世间也少有。就算感恩,惠芳也应当反过来去帮人家一阵。但是,她儿子过来打官司怎么办呢?

院长正犹豫不决,又听到一个熟悉的声音:“惠芳?是惠芳吗?”

众人抬头一看,路灯映照下一个黑影正踉跄地过来,那是盲人冬瓜。就像有人牵引一样,冬瓜径直过来,一把拉住惠芳:“我刚才梦见你自己上街摔倒了。惠芳,你这样子还不能自己走。你儿子说了,要给你买健身器材,保证你足不出户就可以康复。”

“不!我不要什么器材,我需要个活人。”惠芳一头扑进冬瓜怀里,并把他抱得紧紧的:“我今天起,要为自己活一回,任何人也不可能把我跟你分开。”

大雨中,院长和服务员们都哭了。

真正的救赎

碰壁后的转机

大清早，我带上丰厚的礼品和一张存有巨额的银行卡，独自驱车前往杜晓阳家。虽然心里有所准备，但事情仍然出乎我的预料：杜晓阳的妈妈冷面如冰，就差扑上来挠我的脸了。她口口声声说，独身一人把儿子养大容易吗，凭什么为屁大点事就给杀害了？别说我给她100万，就是出一个亿她也不动心。这个女人越说越激动，说她的意愿只有一个，那就是凶手给她儿子抵命。假如法院判不公，她决定一直上访到北京，北京不管，她就拎一桶汽油，去市委门前自焚！我怕她越喊声越高，把左邻右舍都吵醒，那场面会无比尴尬，便只好边赔着笑脸说着小话，边退回车里逃之夭夭。

我是一个令人羡慕的小小企业家。有多少财产呢？这么说吧，从今天起，就是在别墅躺着不动，挑爱吃爱喝的消费，吃他个几百年，钱还是花不完！可是，金钱并不是万能的，我遭遇了连连的不幸：先是老公跑到了国外。我呕心沥血地把企业经营做大，含辛茹苦地把儿子送进名牌大学，受的苦那真是鸡不啄狗不舔呀。可能是过于心疼儿子，竟然把他惯出一身臭毛病，就为了几句闲话，他居然把同室好友杜晓阳一顿水果刀给扎死了，并且被捕后，态度极其恶劣，还叫嚣说扎得轻了。我咨询过几位律师，说法不一，有的说我儿子算是激情杀人,不至于判死刑;有的就说,我儿子不排除被判死刑的可能,关键是受害者家人的态度。

我把希望寄托在杜晓阳妈妈身上。我探听清楚了,我俩命运相同,都是被抛弃的女人,只要她高抬贵手,我不但给她巨款,还要把她接到我身边,今后姐妹休戚与共,有我吃的,就饿不着她。然而,对方盐酱不进呀,险些就把礼品掼到我头上。我是谁呀?号令一声,上千员工动都不敢动,这些人哪个也比她档次高呀,可我还得向她低头哈腰,这不都是让我那小冤家给害的?

我迷迷瞪瞪开车往前走,看见对面过来一个和尚。我赶紧停下车,说了我的苦处,并送上一叠香火钱,希望这位僧人能帮助我。大师接过钱揣好,便闭上眼睛念叨了一些什么,然后,睁开眼说:"女菩萨,你很快就会遇上贵人的。你只要诚心做一件善事,孩子的命就有救了。"

"善事怎么做?大师明示一下好吗?"

那和尚说了句:"急者急,不急者不急。"说完,施了个礼就走开了。

这话含有什么玄机?我百思不解。目视大师远去后,我继续开着车往回走,又走到一条小胡同前,看见前面有个白发苍苍的老太太,手里拖着个肮脏的编织袋,正弯腰要捡路边的一只矿泉水瓶子。她刚弯下腰,手还没触到瓶子,突然刮过一股风,把老太太枯草般的头发吹得乱蓬蓬竖起,那瓶子也被刮得滴溜溜滚过路心。老太太不顾头发,弓着腰紧追不舍,这时,飞驰过来一辆汽车,直奔老太太而去,吓得我紧闭上双眼……

谢天谢地!那汽车只是从老太太身边擦过,仅仅把她装东西的编织袋轧瘪了一截。那老太太只是如释重负似的直起腰,首先查看她的袋子破没破,然后,把手中的瓶子放在地上踹扁,小心翼翼地装进袋子里,又心满意足地朝下一只瓶子奔过去。

望着那苍老的背影,我心里一阵酸楚。这么大岁数了,为点废品,担多大的风险呀,社会不管她吗?她没子女吗?

我下车，折进一家小超市买了点小物品，顺便向收银的女孩打听一下那老太太的情况。女孩只知道老太太来自乡下，亲人好像是死了，以拾废品为生。拾荒的同行们故意让着她，这一带，包括后街那个小公园，都是她的“领地”，没有人抢她的生意。最后的答案吓我一跳，老太太冒着生命危险抢到的矿泉水瓶子，仅仅能卖5分钱！我的天，照这样算，她每卖100元钱，需要捡2000个瓶子，她老人家要弯腰2000次，要跑多少路呀。

这种人最需要帮助。我感觉老太太给了我做善事的机会，她就等于是我和儿子的贵人了，我怎么可能错过她呀？

我开着车超到老太太前头。然后下车迎过去几步，冲她鞠了个躬：“大妈您好。感谢您帮助这城市清除了垃圾，净化了环境。我这点小心意……”我斟字酌句地说，怕一不小心惹着了她，错失我做善事的良机，“这点钱不成敬意……”通常购物都是刷卡，钱包里只有几张百元钞票和刚才小超市找零的钱，我全都掏出来，双手递了过去。

这些钱要是买成瓶子，我的小车恐怕也装不下，我以为老太太不定多惊喜呢。谁知道她吃惊地大睁两眼盯着我看了好几秒，那眼神一下子平淡下来。她说：“闺女，谢谢啦。我不缺钱。”然后，把编织袋往肩上一甩，转身就走。

“大妈，您留步。”我决不能放弃这个机会。我一步窜到她前面：“我就这点现金了。您嫌少，我明天送给您更多。”见她迟疑着不接，难道怕我是骗子？我索性把钱放到她脚下的地上。

“你回来！”老太太喊住我，“人民币是不能随便扔地下的，你像个有档次的人，怎么连这都不懂。捡起来！”老太太说罢扬长而去，扔下我在原地发呆。

再次接近

我打了个电话给总经理，说我不到公司了，让他处理好日常事务。安排完后我开着车回家，躺在了床上。今天一早怎么啦？杜晓阳的妈妈，一个打工女人，儿子刚刚离开；另一个年已古稀的老太，没了亲人，弯腰去捡只值5分钱的瓶子，她们两个是世界上最需要钱的人，为什么偏偏视金钱如粪土？不行，救助老太太的事要继续下去，拯救他，就是拯救我的儿子。我这么大个董事长这点事都搞不清楚，连自己都无法原谅自己。

我打电话让秘书马上送一编织袋矿泉水瓶子过来，并在全体员工中找一套最廉价、适合我体型的衣服，把自己打扮成一个极其普通的家庭妇女。我开着车到那条街上，把车子停好，躲在树阴下观察。等了足足半个小时，我的脚都冻得有些发麻，那老太太出现了。我赶紧迎上去："大妈，这些废品没用了，麻烦您替我捎走吧。"

见到那么多瓶子，老太太脸上现出一阵惊喜："闺女，你真不要了？"我刚刚点了点头，她突然脸色一变："你不是早晨送我钱那个富婆吗？怎么换身衣服来蒙我，你到底打算干什么？"

老天，她那双眼不但认识废品，还能认出乔装打扮的我来！我急中生智，堆下笑脸，说我不是富婆，是记者，看到老人家为环保作贡献，所以，想采访点素材。多亏一些记者总去烦我，才让我知道了一些写作方面的术语，不然，非穿帮不可。

老太太听说我是记者，两眼放出光来："闺女，你真是记者？太好了，俺就佩服记者，你看焦点访谈，尽说些老百姓的解气话。"

"大妈，这还有假呀？"我忍着不舒服，模仿她的样子，并排在马路牙子上坐下来。

老太太兴奋地说："记者同志，救一饥不能管百饱，你能天天救济我钱吗?”

“能。”我诚恳地说。只要满足我行善的愿望,那点钱对我来说连九牛一毛都称不上。

“你能给,可我却不忍心要。”老太太说,“不过同志,你可以把我的事写一写。”

“大妈,您还是叫我闺女吧。我妈妈过世早,能有您这么个妈妈,是我的福分。”那一刻,我真心实意想认她为母,为她养老送终。只要能救儿子的命,每天给她洗脚擦身,我都毫无怨言。

老人家真是被我彻底感动了,她颤抖着双唇,讲述了她的经历。

捡到一个妈

她是山沟一农妇。独生儿子患结核病过早去世,儿媳跟别人跑得没了影儿。是她老两口把孙子拉扯到16岁。孙子长得阳光帅气,又懂事又聪明,在镇中学读书,经常考第一,老师们没有不夸的。但不幸的是,就在他快毕业的时候,有一天去街上买文具,被一个在逃杀人犯劫为人质,后来,杀人犯腰间的炸药不知道怎么就响了,把她的孙子给炸死了!

孙子没了,老汉很快病死,她也几乎成了疯子。住在那个山沟触景生情,感情上受不了,老太太就辗转来到这城市。家乡政府也补给她一些生活费用,可老太太不愿意闲着,她每天拾废品出售,卖了钱,就买成文具,跑到一些学校,专找16岁的男孩,看哪个困难,就把文具送给他……老人的心灵多少得到了安慰。

几年前,老太太在垃圾堆边拾到了一个女弃婴。这可是老天可怜她,晚年送来的希望。她悄悄把女婴抱回家,起名盼头,千辛万苦地喂大。她哪里想得到呀,小盼头三年前发高烧,送医院里检查,发现她患有先天性心脏病,敢情她是被狠心的爹娘视为累赘,故意抛弃的!

说到这儿,老太太哭了:“闺女,你看我这叫什么命啊,现在我怎么办?我只好不再给学生送文具了,把拾废品的钱给盼头买些好吃的,让她活一天,快乐一天了。”

听着老太太的诉说,我感到通身一阵酥麻。多么善良可敬的老妈妈。我不过送人点钱,或者赞助点废品,就以为是行善了。跟这位乡下拾荒老太太相比,我算什么?认她做母亲,有什么不可?我冲动地说:“妈妈,您别着急。盼头是您的孙女,也是我闺女,她的病我给她治,她死不了。”

老太太一把搂住我说:“傻孩子呀,我打听过多少遍了,盼头要心脏移植,手术费得50万块,更要命的是术后还得终生用抗排斥的药,100万也打不住呢。”老太太挺内行的,说你们当记者熬心血,写一个字只有几分钱,去哪里弄100万?

我告诉她,我买奖券中了500万呢,这回非救闺女一命不可。说罢,我坚持跟着老太太去她家,看看我闺女盼头去。

乖孩子盼头

我跟头把式地随着老妈妈来到她家门口。

破院门内一间简陋的平房,院子里堆着老人家捡回的垃圾,有的已分了类。听到门响,屋内一个清脆的童声响起:“奶奶,您回来了!”

“哎哟,我的小祖宗,你不许下地,外面冷,再感冒可就要奶奶的命了。你要静养,静养。”老妈妈急忙扔掉编织袋,开门抢进屋里,防止那女孩下地。

我随着老妈妈进屋。

室内有些暗。小炕上,一个女孩穿着简朴而洁净,扎煞着一双小手,看到奶奶,扑上来搂住脖子,那一通亲呀。女孩脸色有些惨白,那双大眼睛清澈透明,我一辈子也忘不掉。我鼻子一酸,眼泪就下来了。

女孩看了我一眼,热情地问候:“阿姨您好,我叫盼头。”

奶奶告诉她:“盼头,这是你妈妈,叫妈妈。”

我以为小盼头会扑上来搂住我呢。哪承想,小家伙瞪了我一眼,扭头逃到窗台附近,那双大眼睛充满敌意地瞪着我:“我不。奶奶,您不能不要盼头呀,盼头乖,盼头听话。”盼头说着,掀开炕柜上的被垛,从最底层拿出一只苹果,讨好地递过去:“奶奶,盼头一定孝顺您。奶奶,吃苹果。”

“哎哟,我的小祖宗呀,你怎么敢不听话。我不是让你吃掉它补身子吗,你怎么敢藏起来?”

小盼头看出奶奶并不真的生气,她转身又去掏出来一只:“这只奶奶吃。这只……给客人吃吧。”

我整个人傻掉了。那是怎样的两只苹果呀,既小又瘪,歪歪扭扭的。我仿佛仅在儿时见过,似乎叫做国光,或许只有块八角一斤的吧,她祖孙俩居然给当成了补品。这回,我明白过来,小盼头是把我当成了她的生母,她至今还怀着一种被遗弃的仇恨呢。

老妈妈稳定下情绪,对盼头说:“丫头,这回你有救了。你的新妈妈是记者,她愿意出钱给你做手术。”

你说这孩子有多懂事。她立即趴在炕上,“咚咚咚”地磕头:“妈妈,您救救盼头吧,我不想死。我死了,奶奶老了,谁孝顺她呀?”

我一把搂住盼头,三口人哭得昏天黑地。

不是帮别人

我暂时没再管儿子的事,听说还有许多调查取证的过程。儿子的事,算不上迫在眉睫,我决定先拯救小盼头。这孩子如此可怜,有能力救她的人,眼睁睁地看着她走向死亡,那跟杀人有什么区别?我把总经理和秘书叫来,吩咐他们联系盼头住院和寻找捐献心脏的事。两个人这些日子让我儿子的事为难得如履薄冰,一听到换任务了,如遇大赦,屁颠颠地去了。当天夜晚,盼头就住了医院。

我帮老妈妈换上体面的衣服,我俩在医院陪护小盼头。事情出乎意料地顺利,小盼头入院不到一周,院方竟然联系到了她所需的心脏。小盼头顺利地进行了手术,看到医生们眼神里的那种成就感,我就知道,这孩子死不了啦。

也不知道是哪个嘴快,让我这个假冒的记者遭遇到了正牌军。我拯救小盼头的消息让记者们捕捉了去,《企业家慷慨解囊,花蕾女孩获得新生》之类的报道同时登上了省城数十家报纸。我不得不临时换掉手机号,可记者们依然找到了病房里。我不胜其扰,向院长提出换病房,并且再三申明,不得透露小盼头的病房信息,否则,今后我的员工坚决不来这里就诊。

这期间我为小盼头处在极度的紧张中,渐渐把儿子的事情搁置到了一边。联想到老妈妈孙子的遭遇,我特别仇视那制造不安定因素的人。我甚至这样反思,儿子做到这个地步,也算是他咎由自取,我不择手段地拯救儿子,对杜晓阳、对老妈妈的孙子公平吗?他妈妈生活再困难,儿子难道就该死?但是,这种念头立即被推翻,儿子是我今生的心血呀。老妈妈哪知道我的心事,她不断地劝我,小盼头不会有事的,你看,她恢复得多快呀。

正说着,房门开了,进来一个人。我抬头一看,恰似遭了一个晴天霹雳,是杜晓阳的妈妈。她是怎么知道这个地方的?我手足无措间,那女人抢先一步,"扑通"跪倒在我脚下,嘴里说着:"我的好姐姐,谢谢您,谢谢……"

她不是要拼命来的,这是怎么回事?我赶紧扶她起来,让她慢慢说。

我做梦都没想到,杜晓阳的妈妈同时也是小盼头的母亲。

当年,她和丈夫从外地逃到这座城市打工,其实是想偷生二胎。不料小盼头被查出那病,夫妻俩哪有能力顾及她呀,只好一咬牙,把盼头丢弃。丢弃了女儿,女人承受不住,精神上出现了抑郁现象,丈夫得知抑郁病可能变成精神分裂,很快便与别的女人消失在了外地。受到更强烈刺激的晓阳妈妈反而冷静下来,她一步一跟头地把杜晓阳带大。

眼下晓阳没了,晓阳妈妈却在报纸上得到了小盼头的消息。是老妈妈得知我的身份后,非常感动,连连为我念佛,并主动把拾到这可怜女婴的细节和当年一些物证透露给了记者,女人确认盼头是自己的骨肉,便迫不及待地赶到医院,费了一两天工夫,终于发现了盼头的病房。

“妹子,你放心,我知道儿子对你犯下的是什么罪行了。你放心,我不再做让你为难的事了。”

“不,我的好姐姐。”晓阳妈妈再次跪下,“求求您,别再提这事好吗,我家晓阳也有过错的……”

三天后,我单位的几位高层也来了,总经理拿着一张报纸,对我苦笑着摇头:“董事长,您不是到处寻找这个高僧,要感谢他吗?您看。”

我接过报纸,风上面赫然印着一张照片,正是那位“高僧”。再看文章,原来他是个假货,冒充僧人到处行骗的,被警方抓获,供词中还谈到骗我的经过……

捧着报纸,我感慨万千。不去晓阳家求情,我绝对不会从那条小路经过,不是那骗子一番话,我遇见老妈妈,也不可能生善良之心……我该不该再感谢那骗子一番呢?

神弹王一

王一吃奶时挺灵的，眼睛鼻子都会说话，长到四岁时，父母双亡，他爷爷才发现宝贝孙子不对劲：教他数数，10个数数不全，你一急他就哭。爷爷是远近闻名的医生，养出了这样的孙子，哪里服气？数数儿不行，咋的也得会认字吧？爷爷干脆给他取学名"王一"，总共四横一竖的名字，就是再笨也学的会吧？哪想到就是这么简单俩汉字，王一他今天好不容易学着写会了，明天又可能写成"土一"或者"干二"，有时甚至一竖两端出头，不念什么字了，那"二"字居然上长下短，气得爷爷跪在祖坟前一通痛哭："罢罢罢，都道'十分精神用七分，留下三分给儿孙'。想是我显露太盛，隔代才出了这么个没用的东西，都是报应啊。"

王一不会识字数数儿，却对摆弄牲口表示了极大的兴趣。哪个猪倌牛倌赶着猪、牛打门前过，无论吃着什么好东西，听到吆喝声，他都会立即扔下饭碗，跑出门去，眉飞色舞地看，直到目送得人家不见了影；剥玉米粒子，他会把脱了粒的棒骨子，在炕上垒成猪圈、牛栏，选小个的棒骨作牲口养在里面……爷爷对此很是反感，爷爷希望他读大书，光宗耀祖，哪容他摆弄牲口？所以，每回让他"圈"倒"畜"散，惹得他哭闹不休，爷爷毫不手软……实在没指望了，爷爷教他唱戏，他哪里记得住戏文？偶尔有赶马车的打门前过，车老板儿一甩鞭子，叫了一声"驾"，王一听到了，张口模仿，那声音惟妙惟肖！爷爷气得第二天就把药铺关了门:“都说‘杀人放火现得济,修桥补路嫌闲气’,一点不假。我当大夫活人无数,老天爷让我断子绝孙,不干了!”刚关了药铺,王一的奶奶又卧床不起,最后一命呜呼,祖孙俩经这一番折腾,变得一贫如洗了,只好躲到山沟里求生存。

王一6岁那年,新中国成立。划定成分,王一的爷爷吓出了一身汗:若不是让孙子气昏了头,他哪里肯关闭药铺？如果还开药铺,那肯定是地主成分,这祖孙俩可真就毁了。王爷爷由此对王一刮目相看:“这孩子傻是傻了点儿,却是个福星哩。”见孙子喜爱摆弄牲口,就遂了他的愿,让他给人家放猪放牛,劳动光荣嘛。王一也整天乐得闭不上嘴儿。

这王一摆弄牲口,有着天生的灵气。别人放牧,今天吃了人家的地,明天钻了人家的篱笆,就王一,无论放多少牲口,那畜生都听他的。王一不知何时练就了一手绝活儿:鸽蛋黄大小的石子儿,于两手食指间相扣夹住,用力一拽,石子脱手飞出,击向目标,百发百中且凶狠无比。别看认字不行,他能给牲口取上名字,石子儿揣满一兜,遇有牲口不听拘管,他威严地大喝一声“黑头子,回来!”石子应声而至,那牲口身上就打起一枚小包,下次再也不敢！渐渐的,村里牲口都托王一放牧,别人孩子还躲在娘衣襟下撒娇呢,王一就当上十几口牲口的长官了!

王一15岁那年,全国闹饥荒,树皮草根剥光抠尽,村里饿死不少人口,牲口几乎被杀光吃绝,王一麾下只剩下5头生产队的瘦牛,还得赶到大老远的深山里才寻得到草吃。爷爷饿得奄奄一息,王一说:“爷爷,愁什么？您给我一只口袋就妥。”王一砸好一堆石子儿,赶着瘦牛入了山,晚上回来,口袋里鼓鼓囊囊装着16只雀儿。王一说:“爷爷,别吱声,让人抢了去。”爷爷看了傻孙子半天,突然搂住他大放悲声:“那些养着聪明儿子的,都见了阎王,哪想到我得到这傻孙子的济了,还是当年治病救人积的德呀。”

王一不识数,却有他自己独门数数儿的技术:山中的鸟儿不管大小,除非别当他面前叫，一叫，那命顿时就没了。王一石无虚发！王一只识4个数，他每打够4只鸟，就摆成一堆，打够了4堆，就算完成了“任务”，此时，就算有鸟落他头上拉屎，他也不再杀生。有时爷爷也好奇：“你咋就识16个数呢，难道不兴多一只少一只？”王一回答，依着我的意，都打光了明年吃什么？惊得爷爷老半天闭不上嘴：“想不到你这数全在心里，这孩子是奇人！”打那以后，谁说王一傻，爷爷就跟人翻脸！

祖孙俩就靠这每天16只雀儿的补贴，熬过了灾年。

成为正式社员时，记工员觉得王一不像个名字，就给改成“王老一”。爷爷幻想能抱上个重孙子，一天到晚颠颠地这家跑到那家，央求乡亲们给孙子找个媳妇。可邻居们当面答应，背后没有使劲的，也就老爷子自个儿觉着他孙子像个人，其实就是个挣工分的机器，四五六不懂，谁家闺女嫁他呀？

这年冬天，县城闹起了“武斗”，大白天子弹乱飞，搅得人心惶惶。一个大雪纷飞的拂晓，祖孙俩正在梦中，猛听得小山村几十条狗吵成了一锅粥，爷爷爬起来开门，就见一个衣衫单薄的中年汉子，踉踉跄跄一路走过来，见是王老一的爷爷，只喊出一声“老哥哥救我”，便一头栽进雪地里……爷爷听出，这不是县委林书记吗？前两年，他太太得了怪病，还特意派人接爷爷去给治好了，从此两人成了忘年交，林书记还送来过细粮。祖孙俩把林书记背到炕上，换下他被雪水汗水湿透了的衣服，可怜这老革命，浑身上下伤痕累累，几乎找不到个好地方！

“谁给你打成这样的？”爷爷眼珠子都红了。

“造反派。”林书记说，“绑进去什么不问，就是个拳打脚踢。老哥哥，我被反动派抓过，也受过刑，我并非怕死，就是受这帮无知后生的污辱折磨，不值呀。”林书记见造反派头子欲置他于死地，这才乘看守不备，逃进了深山里。

话没说完，又听狗叫一片，比上回更凶，林书记脸色陡变：“他们撵来了，没想到这么快！这却如何是好？”

爷爷说，你安心躺着，我有个孙子呢，一石可当百万兵。“孙子，你带石子上房，听爷爷的号令。”王老一搬一把梯子，爬到顶端，一脚踩着梯子梁，身子斜倚在草屋顶的积雪上。此时，足有20多个年轻后生，一色的草绿军装红袖标，气喘吁吁地朝山坡上奔。爷爷挺立在雪道当中，大吼一声：“站住，干什么的？”

追在前面的是“司令”：“老同志，有人报告，林向阳畏罪潜逃，现在藏匿在你家，快把他交给红卫兵小将接受批斗。不然，就是破坏文化大革命！”

爷爷一直关注这场动乱，知道内情。冷笑一声：“毛主席教导不要武斗，你们把他折磨成那样，比反动派还反动派。他打江山的时候，你小子还在你爹的腿肚子里转筋呢。我懒得跟你动手，你们这一伙也不够老汉一袋烟工夫收拾的。”

“老家伙，死到临头，竟敢口出狂言。战友们，上！”

“慢！”爷爷手一挥：“孙子，这小子年轻无知，先别打他的眼，打胸前上数第二个扣子。”话音未落，随着一声“呜——啪！”，司令顿觉胸口一震，上数第二个扣子被打得粉碎！爷爷又吩咐：“打那喇叭！”“叭”字刚出口，那个女头领手中的喊话筒“当啷”一声，飞出去老远，一颗石子竟然牢牢嵌进了话筒的铁皮里！爷爷哈哈大笑：“听着，事不过三，再不给我滚，来一个单摆，来两个双摞！”

司令一抬头，屋顶上凶神恶煞般一个青年，神秘武器就是他发出的，若是击中脑袋，那还不穿个洞啊？孙子都如此了得，这爷爷哪里惹得起？马上带着人狼狈溃退。后来得知，“司令”带人抢军火库，遭到驻军坚决抵制，武器没有到手，后来，接上面命令，这才不得不打消再下山沟报复的念头。

王老一从此被林书记称为“神弹”。

林向阳书记休养半年多，得到组织恢复他职务的通知。临走时，林书记含泪拉着爷爷的手,说再生之德,永世不敢忘,可他不能官报私恩,那就自己意思意思吧。见王老一虽然不怎么灵巧,却也憨厚可爱,他林向阳有一女儿,长得丑些,又时犯癫痫病,若不嫌弃,就做一次新社会的包办婚姻如何?爷爷愁的就是孙子的婚事,不由大喜过望,当时叫王老一给岳父鞠躬,事情就成了。

王老一跟林向阳的女儿举办了革命化的婚礼。爷爷担心王老一脑袋不灵活,万一把小夫妻间的事跟邻居瞎嘞嘞开来,岂不留下笑柄?然而,王老一对此事守口如瓶,一个字都休想套得出!孙子又晓得疼老婆,哪怕得到一块橘子瓣糖,也要纸包纸裹地夜里留给媳妇,媳妇说,嫁这么个男人,挺知足的!

那时候,医院连青霉素都找不到,爷爷便重操旧艺,用草药把孙媳妇的病治好,过门后,再也没犯过。喜得林向阳直夸,女儿有了第二次生命!孙媳妇接连生下一儿一女,爷爷年过70,一天到晚喜滋滋地:"临秋暮晚,我还要得重孙子的济呢。"

此时,岳父在市长位上离休,要接女儿女婿去城里享福,也为外孙子女上学便利。可爷爷厌烦城里喧闹,一家五口就暂时留在山村。

王老一的儿子拴保,长到10岁,读书也学不进去,媳妇愁得直跺脚。老一说:"人生世上,都带着吃饭的命哩,你急什么?"两口子带栓保下田,小家伙在地头摆弄爸爸的猎枪玩耍,突然,头上掠过一只老鹰,这孩子抬手一枪,居然把老鹰给打了下来!王老一傻呵呵地咧嘴大笑:"咋样?你种苞米,它长不出大豆就是的!长大了当兵,一枪一个敌人!"

打那以后,栓保就天天玩枪。再以后,省政府禁猎,枪没收了。栓保没了玩具,书更没心思去读。老一问岳父:"栓保论读书啥不是,可他打枪行,有没有打枪挣钱的活儿?"岳父说:"就看他是不是那料。"让老部下联系射击队的教练,过来又测体能,又量身高,折腾了半天,摇头:"老首长,爱莫能助,这孩子没有培养价值。”

王老一这一回真火了:“你知道我儿子还是我知道？让他打几枪,说,怎么打吧?”

栓保拿枪在手,略问了几句使用方法,瞄也不瞄,“当当当”一连五枪,嘿,从一个眼里穿过！王老一媳妇反问:“你教过这样的学生吗？只要俺家傻子说行,就没有不行的。”又把女儿拽过来,让她打,成绩也相当出色!

栓保和妹妹同时被省射击队暂时试用,训练了一段时间,恰赶上全运会,兄妹俩夺得一金一银,破了本省射击史上的纪录,喜得省长亲自接见。当时奖品也就一套尼龙运动装,又给安排工作而已,这也让小山沟热翻了天！妹妹没拿到金牌,一直撅着嘴:“比赛穷规矩太多,一害怕,就没打好!”

后来,岳父去世,王老一带着百岁高龄的爷爷,全家搬到省城。王老一被省射击队聘为特约顾问。其实他什么理论也不懂,就是遇上教练选拔射击运动员,得请他去看,无论试射成绩如何,他说这人行,日后必出成果;说不行,即使基本功再好,将来也是名普通的选手而已。组织上当然不可能照他没根据的说法去确定一个运动员的前途,然而,当初不被教练看好的,只要老顾问点了头,还是要留下的,据说经他认定的十几名苗子,包括输送外省的,都成长为一流选手!

后来,有关部门组织各方面的专家,对王老一进行诱导性咨询,然而,哪个也没搞明白,王老一判定射击运动员有培养价值的理论根据是什么,王老一只会说:“我看他中,就中呗。”老伴也急:“你怎么像个巫婆似的!”王老一脖子一梗:“巫婆就巫婆,有饭吃就中!”

残酷的竞争

太阳村的汪仕财近日跟老婆离了婚，他独自跑到南方半个月，便盯上了一种最新刷墙涂料的生产技术，并和传授技术的厂家签了合同，只要花2万元的技术转让费便可由他生产、销售。汪仕财的老婆离婚后，扔给他三间窄房，足可以当厂房用，可是，那2万元技术转让费却没法落实。他人缘差，跑了东村跑西村，好话说了无数，一个子儿没借着。这工夫他正躺在床上发愁呢，不想有人把钱送上门来了，你说邪不邪？

开门进来的是一位50上下的中年人，他自我介绍道："我叫刘秉旭，是这儿的老户，'刘大豆腐'听说过吧，那是我爹。"

汪仕财自然知道"刘大豆腐"，眼下他住这三间瓦房就是买了人家的草房，后来翻盖的。他以为当年房钱没讲明白，来了讨账的。可对方笑眯眯地递上一支烟："兄弟，我送你1万元，跟你合计点事。"接着，一捆崭新的百元大钞"啪"地放在炕上。

汪仕财眼光一亮，随即又镇定下来。平白无故送钱，哪有这好事？肯定有文章。他盯着刘秉旭的脸，等他的下文。果然，对方沉不住气了："兄弟，我就是要在这儿干点事，需要你把房子和菜园腾出来，最多两月，也可能几天，达到目的就走。怎么样？"

汪仕财怀疑是做梦。但他这人城府深，心里乐得不行，脸上不改颜色：

“钱你先收回去,这事,我明天想想才能定下来,可以么?”

对方一笑:“当然可以。不过,咱们要公证一下,免得日后发生争执。”

到了这个份上,汪仕财更犯了合计:什么事,白送我1万元,还怕我反悔?他一夜未睡,想了好几百种办法,只等明天姓刘的再来,与对方来一番斗智。

第二天夜里,姓刘的刚坐下,汪仕财便说:“不行,那事别合计了。”刘秉旭果然着了急:“你嫌钱少,好商量。给你2万怎么样?这可是到顶的价,不能再加了。”

汪仕财心想,果然不出我所料,这里面有文章。他决心把戏继续演下去,便端出早已买好的烧鸡、炸鱼,摆了满桌子:“老哥,人生难得有缘,咱买卖不成仁义在,来,先喝几杯再说。”那刘秉旭当真经不住诱惑,先说不吃不吃,屁股却紧往桌前挪,这就你一杯我一杯地喝上了。

刘秉旭不胜酒力,几盅下肚,舌头发硬。汪仕财趁机问他:“老哥,你要这地方,可是想毁我的房子,还是要生产假烟假酒?”

这一问,刘秉旭火了,唠唠叨叨地说:“我毁你房子干啥?假烟假酒犯法,咱不干!咱靠劳动致富。”

汪仕财继续给对方斟酒,刘秉旭越喝越兴奋,到底把实话给抖搂出来了:原来,抗日战争时期,杨靖宇将军率众英勇抗日,受到了海内外爱国人士的敬仰,他们纷纷募捐,凑成一笔巨款,支援抗日联军。但侵略者既歹毒又阴险,他们实行“归堡子”政策,把群众强行迁到集中营,不准与外界往来。这一来使得“抗联”有钱也买不到粮草,处境万分困难。杨靖宇将军决定,把这笔巨款深埋,待有机会再取出。后来将军殉难,极少数的知情人也都在激战中牺牲,这些深埋在地下的巨款便成为一桩谜案。

有关这笔巨款的传说,汪仕财也听说过,杨靖宇也的确率部队多次在这一带活动过,那与这房子、菜园难道有关?

刘秉旭压低声音继续说："我十来岁的时候，跟爹挖土，挖出一个小洋铁罐，里面装的是金条。我不认得那东西，可记得爹当时脸色煞白，千叮万嘱不让我说出去。不久，他把房卖掉带我和妈去了南方。再后来，他失踪了，近几年才有消息，原来他偷渡出境，成为富商，后来死于肝癌。我想，爹肯定是挖着那笔巨款了，只是没敢多拿。如果把它挖出来，那……哈哈!"

汪仕财的心"突突"狂跳：就在他身边的某一处，埋着成堆的金条!你刘秉旭花花肠子多，凭2万元便想独吞恁多财宝，没那便宜事! 他把喝得东倒西歪的刘秉旭架出门去，便又躺在炕上想起主意来。

过了一天，刘秉旭再次来商量这事，汪仕财说："要干，必须咱俩人合伙，得到对半分，可是，我最近有大事要办，你真有诚意，我处理完大事再说。"

刘秉旭无奈，只得点头答应合伙，他临走时，告诉汪仕财："老弟，你有事尽可办，但不要瞒着我独吞那笔财富，否则，后悔药没处买去。"

汪仕财眼珠一转："你说的那些金条，到底埋在哪个位置，咱俩现在就挖，岂不省事?"

"兄弟，我傻吗? 多少年的事，怎能记准?再说，起码得签份合同，我把它找地方搁着，万一挖出金条珠宝，你把我害了，那合同会成为破案的依据。"

从这天起，汪仕财坐火车跑出一站地，在那边租了一间小屋，每天早出晚归，对外说，出去办事，其实，白天他在那小屋里倒头就睡，把精神养足了，晚上就回家去实施他的挖宝行动。

汪仕财准备了很多编织袋，当作挖土的工具，待到夜深人静时，挖出土一袋一袋地往仓房里送。为了避免漏掉宝藏和避人耳目，汪仕财挖得很深，他把泥土扛到仓房里，天明时，把挖的坑伪装好，在小园里种上菜。他整夜下苦力地挖，就像挖地道差不多。后来他想出办法，挖过的地方，可以用来装土，这样，省去了往仓房运土的力气。汪仕财越干越会干，越干越卖力。

可是，姓刘的也挺难缠，他过几天便来找汪仕财打听，事情办得怎样，啥时共同开发那笔财富。汪仕财只好和他应酬,姓刘的虽鬼,但也没瞧出什么破绽来。

汪仕财与刘秉旭唠叨喝酒时,也常常拐弯抹角询问宝藏到底埋在哪儿,知道个大体方位也中。老奸巨猾的刘秉旭到底让汪仕财套出了实话,他含糊其辞地说:在菜园的北半部。

这一说,差点把汪仕财气死。因为他辛苦了三个月,刚好从南半部动手,那北半部还没动呢。假如他当初从北面动手,那宝藏岂不是早挖出来啦?

汪仕财不灰心,不气馁,仍旧夜夜挖土不止,可直到他把整个菜园全挖了个遍,也没发现一点宝藏的痕迹!

汪仕财精疲力竭地躺在炕上琢磨,是不是那个刘秉旭记错了地方?如果真是这样,那干脆,2万元卖给他算了!汪仕财这才记起,姓刘的好长时间没上门纠缠了,他到什么地方去了?

汪仕财决定,把园子卖给刘秉旭,白拿2万元钱,重新实施他一度中断的特种涂料的生产计划,只要该项目一投产,要不了2年,他照样成为大亨。

但万万想不到的是,汪仕财发现当地大小商店已陆续出现了那种涂料,商标名称:无敌牌,一看厂址,就在本县。

汪仕财绝望了,他一直寻到那家涂料厂,想看一看夺他饭碗的那位竞争对手是何许人。推开经理办公室大门,他一愣,沙发内端坐着的,正是要与他合伙挖宝的刘秉旭!

刘秉旭哈哈大笑:“汪老弟,怎么样,挖到宝藏了吗?你小子够毒的,听说有宝,竟把我稳住,夜里独自干。可是你上当了,我就是利用你这种心理,骗你放弃生产涂料的计划,现在我抢时间把这种涂料生产出来了,并且已经打开了销路,你已无力和我竞争了。不过念在当初还是听你自己说出涂料这一信息的情分上,假如你不嫌弃的话,可以来这儿当一名工人。”

汪仕财顿时眼前金花飞舞,昏了过去……

家乡这张脸

腊月二十九上午，长春市郊区某胡同温州小吃部门前，停下了一辆挂黑龙江省车牌照的外地出租车，车上走下来一位年轻女子，进入小吃部。大约过了10分钟，司机大老董也下车推开小吃部的门。服务员立即微笑着迎过来："您好先生，请问要吃点什么？""我不吃饭。刚才有位年轻女子进来找人的……""噢，是这样。"服务员很失望的样子："没找人的。你问的刚才那个女的，从后门出去了。"

大老董按服务员的示意推开那扇后门，见是一个品字形住宅楼，从这里往前四通八达！大老董脸色陡变："这怎么还有后门？我让人骗了，这女人说进饭店找她姐一起回家，车费还没给我呢！"

"咋回事呀，先生？"

大老董拍着大腿："我是黑龙江双峰县的。昨天挺晚了，那个女的要打我车到长春。我担心路远不想接这活儿，可架不住她再三哀求，说她姥姥病危，再不回家就见不上了，并且答应给我1000元车费。我们县今年车太多，揽客生意不好，见她钱给到位了，又只是一个女人，盘算着明天赶回去过年耽误不了，我也就动了心。没承想这干了10多年的老出租让她给涮了。长春人咋这样啊？"

小吃部老板起初只在柜台里忙他自己的，听到这话，"腾"地站出来：

“哎,你这师傅,干啥说她是长春人,你有证据吗?”

大老董眼睛一瞪:“不是长春人,她对地形这么熟?”他转身出门,从车后备箱拎出一只乘客遗留的密码箱,打开一看,更是傻了眼,里面除了几件旧衣服,啥值钱的也没有!

“我可让长春人给坑毁了。这么个损地方,真不该来呀……”大老董欲哭无泪,气得直捶自己的脑袋。

“哎哎哎,”那老板急忙去拉司机的手,“有话好好说,遇难想主意,你别自残呀。说别的啥都好使,你要是随便瓜扯长春,哥们儿可得跟你说道说道。”

“不是你们长春人,她咋指挥我直接奔你有后门的小吃部,咋会逃得恁麻溜?我要赶回家过年呢,让她坑得好苦哇!”大老董说,“身上带点儿钱都交过道费了。如今想回去,加油、过道费……”

“指定是外地人冒充长春人埋汰我们呢。”老板急斥白脸地分辨,“我这里来吃饭的,都得去后院上厕所,来一次就踩准道了,你不可以一口咬定她是长春人的。”

“她说话口音我还听不出?”

得,临年靠节,黑龙江人落难长春,眼下兜比脸干净,举目无亲,换上谁也得急呀。

这时候,附近接连停下三辆出租车,司机围上来,听清楚原由,俩司机急忙打电话,一个过来拉住大老董:“哥们儿,别的先不唠,天下出租车司机是一家,在长春遇到啥不顺当的,这不有同行吗?我们这旮,有困难找交警,你有困难,找同行。来,咱先进屋暖和暖和。”

小吃部老板马上端来一份热腾腾的饭菜:“兄弟,先垫巴垫巴,你指定饿不行了。”

说话这当口,陆续进来几十名男女出租车司机,把小店挤得满满登登。

原来，另两位司机通过科技手段向同行求援，大伙一听有人败坏了家乡的声誉，争着来问究竟，听过事情起因，个个气得够呛："啥玩意儿！""你确定是长春人吗？""报警！逮着她，连年也让她过不去！"

听着这些粗犷又火爆的话语，大老董鼻子一酸，眼圈也红了："谢谢。那就拜托大伙帮助报案，我先给家里打个电话。"

"用我的，我的打长途一分钟两毛。"

"用我的，我电话费包月，不打白不打。"

好家伙，同时递过来四五部手机！

司机中有挑头的，组织众司机议论了一通，见大老董也打完了电话，挑头的柳师傅说："兄弟，到了长春，这地儿的哥们儿就好使。电话接着打，告诉你的家属，就说骗子找到了，钱不差事儿。你就说，他乡遇到了故知，这春节要在长春过，别让家人担心。"

"骗子和钱……没影的事呀。"大老董心里七上八下，这些异乡同行玩什么把戏呢？

"把心搁肚子里吧，兄弟。"柳师傅拍拍大老董的肩："刚才我们帮你报了警，待会儿全城警察全力出动，一定把这个假冒长春人的女骗子给揪出来。如果破不了案，长春出租车司机替你承担这个损失，条件就一个：你得陪我们在这儿过年。妥不妥，你先表个态。"

大老董好不疑惑：敢情这长春外地人多，司机多有回不了家的，要他陪着解闷儿？接下来发生什么他也不知道，可口袋里没钱寸步难行啊，只好忐忑不安地点了头。

匆匆吃过午饭，大老董由长春司机陪着，走马观花浏览完长春市的几个景区，又要带他去滑雪场玩。大老董没钱买票请客，却占用陌生人的大好时光，哪好意思？他就推托，说大学生冬季运动会就在黑龙江帽儿山办，看滑雪场还不现成的？哪想到长春人就跟到过他那儿似的："拉倒吧哥们儿，你那旮到帽儿山有八百里吧，就咱这穷司机能消费得起？”不由分说，把大老董架到了车上，大老董暗叫惭愧，他的家乡比长春雪更大，滑雪场比这多得多，可他全无力问津，做梦也没计划在这边开了眼界！

大老董在滑雪场游览时，这边温州小吃的老板精心安排了三桌子菜，当地司机到场二十好几个，把大老董师傅让到上座。老板率先举杯：“今天这顿薄宴算我买单。”司机们纷纷插嘴：“咋能破费你呢，是俺几个挑的头。”

“不好使！”老板没喝酒脸先红了：“我买单有个说道，因为我跟董师傅一样，也是外地人。”

小吃店老板姓傅，是辽宁人，十多年前往这边贩蔬菜，打算发家致富。谁知道钱这东西你越想它它越跟你别扭，头一趟贩大葱，半夜三更走到一个两头不着人家的地方，满车大葱翻进了路边的沟里。那工夫没手机，想求援没辙啊，司机头破血流，赶巧那天夜里又气温骤降，这顿折腾啊，人好歹保住了命，一车葱冻得邦邦硬，只能就地抛弃……这事件没过半月，他拉着一车大豆往辽宁贩，大概司机夜里打麻将过度疲劳，开车后睡着了，还没出长春地界呢，车子撞到路边一棵大树上，满车黄豆撒得那叫一个心疼，老板挺大个人顶着北风扯着嗓子哭！多亏工商所的指导员王大姐闻讯赶了来安慰他，小傅呀，别灰心，大姐给你张罗个摊位，你做特色小吃卖不行吗？在王大姐的热心关照下，傅老板靠卖锅烙起家，在这边娶媳妇生儿子，又扩展出了这家小吃部，他现在已经把自己当成地道的长春人了。

“老董兄弟，你看俺家供的那照片是哪个？王大姐的遗照，逢年过节我率全家人给她磕头，你知道不？你刚才说‘长春人咋这样……’我傅某人实在听不下去。你把这话给我收回去，我老傅先干一杯计划外的！”

柳大哥号召大家共同敬大老董师傅一杯酒。然后，他抹抹嘴巴说：“哥们儿你不要上火，有句话得请你原谅，白天说全城警察抓骗子这事，是撒了谎。案是报了，警察们首要的任务是保护全市人民过一个平安快乐的春节，这节骨眼儿鸡飞狗跳地抓一个女骗子不合实际，所以我说全城出动就是想稳定你的心情。不过你放心，那骗子给咱长春人脸上抹了黑，她就是长春人中的败类，是大伙不共戴天之敌，这女人跟好几个服务员打过照面，公安局有画像的，过了年大伙记清楚了，只要她一露头，妥！”

大老董立马站起来抱拳：“不好意思，不好意思，都怪兄弟我满嘴瞎嘞嘞，其实哪里听得出她的口音。傅老板说得对，她指定不是长春人。你看，咱在座的多讲究，这才是正宗长春爷们儿。”

司机们开怀大笑，是真是假都不重要，因为任何地方的人，有好的，也有坏的，关键不能让他丢家乡这张脸！

这一顿接风酒喝得酣畅淋漓，好几个长春汉子还喝吐了。大老董师傅这才知道，同行们考虑他惹了一肚子气，又是疲劳驾驶，这样的心态如急着返回，高速路上不出事才怪，留他过春节纯粹是借口，哪里有什么外地人在长春过年这事儿。

见汽车加满了油，大老董师傅再三推托，说自己老父亲身体不好年纪大，还是回家过年，省得老人担心，求大家借给他200元过道费，回去保证寄还。见实在留不住客，柳师傅这才掏出一个信封：“兄弟，长春司机替那个败类道歉，大家自愿捐献1450元钱，请兄弟收下。唉，家乡这张脸，千亿百亿不算贵，可……目前咱能力有限，就这点心意了。”

大老董想不到会是这种结局，40奔50的男子汉“哇”的一声就哭了：“各位哥哥弟弟，我董方均不是没见过这点钱，我是承受不起这天大的情谊呀。”大老董要求，请当地同伴连夜帮忙给他的车上喷几个字，算是表达对长春人民的敬意，然后，他做出两条承诺，一是今后他在家乡凡遇到长春人搭车，只要身份确定，哪怕是到海南去西藏，他眉头都不皱，分文不取；二是明年夏天暑假期间，他带上老婆孩子来长春旅游，让老婆孩子认识一下这些好心的朋友。

担心大老董师傅休息不好误了行程，宴会进行到22时不得不结束。此时陆续赶到的司机多达40余名，大家咋咋呼呼到大街上合影留念。许多居民被搅了好梦，想出来制止，一听小吃店老板说明情况，嘿，大家不走了，闪光灯一亮，居民们报以热烈的掌声！

大年三十上午8时30分，古道热肠的长春司机们帮大老董联系到了两位到哈尔滨的乘客，为的是让他顺路捎客，再多赚点车费“冲冲喜”。大老董感激得鼻涕一把泪一把，也不管是男是女，跟司机们抱了这个抱那个，嘴里却一个字也说不出……同行们也把“一路顺风”的祝愿改成了“明年暑假见”。在当地交通台高度称赞市区出租车司机的义举，强烈谴责那个女骗子卑劣行径的播音声中，黑龙江出租车司机大老董师傅频频按响喇叭，向这座最有人情味的城市致意，向异乡的兄弟们致意。他驾着加满油的出租车，含泪驶离了吉林长春。他车子两侧喷上了这样的话：“向长春司机致敬！”字前后两边画着的高高翘起拇指的手，在朝阳下熠熠生辉……

设个套儿让你钻

初秋的某个傍晚，黄宁市北安广场路路边，有双眼睛焦急地注视着穿梭而过的出租车。一个名叫赵红心的年轻人，30岁上下的年纪，面对许多从他面前驶过的出租车，显得手足无措。不是他手举得迟，就是司机没发现他的存在，总之，好久好久，他仍然焦急地站在路边。这时，一辆黄色捷达迎面滑过来并向他鸣笛致意，赵红心的目光跟司机的目光相撞，见司机是个40多岁的中年人，瘦瘦的，心想，就是他了！他忙招手让车子停下。坐到副驾位置，小赵说了声“建设大桥”，就眯上眼睛休息。

车子走出去2公里左右，赵红心的手机突然响了。他掏出来一接：“是小妹呀，什么指示？”“哥呀，您在哪儿？赶快到我这边。乡下来了电话，说奶奶要不行了，我爸我妈已经去了那边。咱要是去得晚一步，就可能见不到奶奶最后一面。”“我姥姥病危？前几天我过去，姥姥她还好好的。”“哎呀哥，你别磨唧了，我在仁义胡同和解放路交叉口等您，快。”

电话声音很大，内容连司机都听得一字不漏。赵红心挂了电话，对司机说：“师傅，不好意思，您得调头，改去仁义胡同。”说罢，他又打电话给朋友，向对方表示歉意，让大家开席，说他要去乡下看姥姥。

司机才不计较你跑多久呢，出租车是打表的。于是车子痛快地调头，直奔仁义胡同。

快到胡同口,看见一个年轻漂亮的女孩跺着脚急等在路边,赵红心让司机停下。那女孩招呼另一个男子一同上了车,赵红心问:“小妹,这位是?”

“噢,他是我爸单位的,会看地理,一起捎上他,去给奶奶选块好坟地。”

赵红心不好再说什么,他告诉司机:“麻烦您往上甸子跑一趟吧。”

司机刚才在赵红心打电话时就听清楚了,是遇上要死人的事。如今见要改道去乡下,就摇头不干了:“去那种地方,要是打表你爱找谁找谁。因为那地儿偏僻,回来得跑空,我划不来的。”司机明确表态,必须给双倍的钱,外加100元辛苦费,否则免谈。赵红心急着去看姥姥,却不不甘心挨宰,一番讨价还价,辛苦费砍到50元,司机才别别扭扭地开了车。

事情成了,赵红心长出一口气,对方若是不肯下乡,他另找人可费事了。

这上甸子路实在不好走,从柏油路要拐进一条废弃的老道,再爬上一道山岭,这山村坐落在半坡上,也难怪司机乘人之危多要钱。一路上司机听着表兄妹俩议论病人的事,除了偶尔看一眼电话,回个简洁的短信外,他几乎没开口。

车子开到一个陡坡处,前面突然出现一个男人,摇着手要拦车。司机没表态呢,车上的女孩说:“告诉他,这车我们包了。耽误我们的事,哪个也负不起责任。”司机便减速,开窗,对那男人刚说了“不行”俩字,便觉得脖子上一凉。原来赵红心不知什么时候掏出一把刀,架在了司机的脖子上!

赵红心是个什么人?专门抢劫出租车的。这小子伙同他的情人娜娜扮演表兄妹的角色,那个所谓看坟地和刚才这个被娜娜假意拒绝上车的拦路客,全是他们一伙的。他们根据赵红心的策划,做个套儿让对方钻,上演了刚才那出戏。这不,司机被他们牢牢地控制住了!

司机迅速拿眼睛一扫,劫匪这地方选得好,林子密,又恰巧是吃饭时间,哪里有个人影啊?好汉不吃眼前亏,他举着双手:“弟兄们,有话好说,你们可别胡来呀。”

“什么胡来。”赵红心低声吼道:“爷爷是要钱不要命,你满足了哥几个的要求,爷爷不伤害你。别拿车上那几个小钱糊弄我。马上按我说的,打电话通知家里人,送20万元来。”

“哥们,我要是有20万,我会干这个?”司机慌了:“我一万也没有,这车子还是租赁的呢。”

赵红心讲得一口标准普通话,所以带领这伙歹徒打一枪换一个地方,别人听不出他是什么地方的人。走南闯北,这种伎俩见得多了,他冷冷地说:“那好吧,爷爷成全你并且尊重你的选择。说,要全尸,就拿绳子勒;图痛快,就用刀子攮。”

娜娜立刻从坤包里掏出根小细绳儿,就要往司机脖子上套。

“别呀。”司机紧张得嘴唇都哆嗦了,“我老婆刚刚怀孕。人到中年,好不容易有了孩子,你们可怜可怜我……”

太理想了,这小子不想死。赵红心又是低吼一句:“看你没出生儿子的面子,15万。”

“哥们,10万也没有啊。”

赵红心与同伙迅速交换了一个眼神儿,这小子比较容易对付,他露出10万的底儿啦,于是说:“10万都没有,你还想活命啊?小春子,你俩把他做了吧。”那俩男的立即凶相毕露,抢过来打开车门,伸手薅司机的脖领子。

“别别别,”那司机吓得语无伦次,“我马上叫我媳妇送钱来行不行?”两手哆嗦着好不容易按准了键,电话通了:“媳妇,我让三男一女劫了,你别报警啊,那我就见不到咱的孩子啦。你马上把存折里的钱全取出来,你自己送到上甸子屯外那片树林……哥们,5万行不行啊?好好好,10万10万……什么?你一人害怕?那就叫你妹妹陪着,记住,就你们俩啊,若是发现破绽,人家要撕票。”

赵红心盯着司机的脸端详,发现这司机还挺识相,安排的比赵红心想得还全面,还保险。打完电话,赵红心一把夺下司机的手机,检查了一下,并没有发现破绽,他和气地对司机说:“大哥讲究,兄弟也得讲究。您放心,我们只要钱,伤害你对我们没好处,是不是?”那司机一个劲地点头,表示愿意配合。

其实赵红心完全是撒谎。他这人心狠手辣,流窜过好几个省作案,都是哄着司机把钱弄来,然后连送钱的一起做掉,绝对不留活口。事后,他们把车卖掉,再换一个地方,策划新的案件。中国这么大,他们计划得如此周密,并且每一次作案手法都不相同,警察哪里找去!

司机哭丧着脸说:“兄弟,你们真够狠的。我跑了多少年出租,咋一点没看出是劫匪……”

“放屁!”娜娜伸手打了司机一个耳光,“我们是借钱,你他妈才是劫匪。你知道,我们想这法子费了多少脑细胞吗?必须挑男的,因为女人警觉性高,还不能选膀大腰粗那种,车子不能太破,破了不值钱,懂吗?我们还要把戏演得逼真,做完这一笔生意,马上换另一种方案,让警察不能并案……这样的高智商创意,10万块钱太委屈了……”

赵红心一挥手,打断娜娜的唠叨,他逼司机把车子开到一个更荒凉的小岔路,在这儿等了足足半个小时,送钱的还没出现。司机皱着眉头要求:“我肚子坏了,得上厕所。”赵红心见他确实不像装的,就冲那个小春子点点头。小春子先抽掉司机的裤带,然后手执尖刀,押着他去树林深处解决,司机就是想跑,也跑不掉的。

两人刚离开,就听路上汽车鸣笛,送钱的来了。赵红心把车子退回原处,命令娜娜带另一个同伙下车查看。如发现有诈,马上撤回,那边小春子也就可以提前把司机杀掉……

来的果然是司机的媳妇,肚子隆起着,身边陪着一个年轻的女性,提着黑塑料袋。真配合呀,那女性连司机都省了。娜娜示意她们俩站住:“把袋子打开，我要看看钱。”

“我要先看看我老公，他安全了，才能给你看钱。”

赵红心坐在车里听得一清二楚，心里憋不住想笑，你老公现在当然安全，等钱到手，那就不好说了，还有你们俩。这时，树丛中司机高声说：“利苹，我在这儿跑肚呢，没事。”

“那不行。我一定要看到人。怎么就那么巧，偏偏这时候拉肚子。”大肚子女人来了脾气，把塑料袋往地下一扔，疲倦地往草地上一坐：“我得看到活人。”

树林里拉肚子的不起来，路上确实只有俩女人，并且有一个怀孕的，多容易对付。赵红心摁了两声喇叭，那是让同伙攻击的信号，娜娜跟同伙得到指令，昂首挺胸来到孕妇身边，说了声：“钱既然带来了，还怕看吗？”

话音未落，就听“哎哟”一声，原来是两个女人同时发威，几乎在同一瞬间把娜娜和她的同伙顶翻在地，两个人没明白是怎么回事呢，就被手铐扣在了一块。与此同时，树林中一声暴喝，小春子也被那瘦司机打趴在地……

赵红心没想到他的圈套设计得滴水不漏，也还是败在了对方手下，只见那“孕妇”直起腰，从腹部掏出两件内衣，他大脑“嗡”的一声，知道中了警察的圈套！不过，他有最后一手准备。他始终坐在驾驶座里，车并没熄火。此时一踩油门，车子疯狂地朝前方飞奔。只要穿过小屯，那里有个山豁儿，弃车钻树林，跑出百十步，岗那坡是邻市地界，并且有车子在接应，他仍然可以远走高飞。

然而，赵红心想错了，他驶出去不远，就看到前面路上拦着一辆越野，这车子论碰撞、比速度，都不是他脚下这辆“羚羊”所能企及的……

戴上手铐的那一刹，赵红心看见了瘦司机。小春子垂头丧气地说司机：“哥，他根本不是跑肚……那手段，是‘雷子’。”

赵红心恨恨地骂司机：“你他妈满嘴胡说八道。你是出租车司机吗？你老婆是怀孕了吗？你还装模作样地砍价……原来你们商量好了，骗爷上钩，我说你哪那么容易上当。”

司机笑了：“你设套，我们也设套呀。我不砍价，你岂不看穿了吗？是你撒谎在先。从打上车，你就没一句实话，我得奉陪不是？我这工作性质不同，对好人说实话，对坏人呢，专门撒谎！”

想哭找不到坟头

一大早，赵长林好不容易得到个借口，去微机室找孙小琦搭讪，在门口迎面跟同事郑爽险些撞了个满怀，待他走进微机室一看，一股酸水“噌”地就冒到了嗓子眼处，他看到孙小琦旧的花瓶内插着一只娇艳欲滴的红玫瑰，不用说，准是郑爽那呆子刚才送的，换个人，谁追女孩会那么不加掩饰，万一遭到人家拒绝，岂不难堪？

孙小琦说了些什么，赵长林丝毫不记得了，他眼睛就是忍不住往那玫瑰上瞟。荒唐，明目张胆地荒唐，这幢大楼的单身男子谁都可以追求小孙，唯独郑爽没资格。赵长林回到他自己的办公室，胸口仍然胀得慌。

按说，郑爽人长得不比赵长林差，学历也高出一截，但他有几分酸气，动不动就爱背诵一些古诗词，并且常常在报纸上发表点诗歌，很多所谓诗作连稿费都没有，这年头居然还写诗，那不是有病是什么？郑爽更有几分呆气，遇事脑筋转不过劲儿来，谁哄他都可以，一同住宿舍时，赵长林就没断了给他点小亏吃，傻东西浑然不觉，还拿他当哥们儿，这样的蠢货竟然敢打孙小琦的主意，纯粹是贬低小孙的含金量！赵长林回到自己办公室，咬牙切齿地发狠：“全局大名鼎鼎的智多星跟郑呆子混在了一个档次，此耻不雪，我赵长林誓不为人！”

正火着呢，办公室通知说，矿泉节大家忙得错过了几个休息日，攒到一起，下星期领导要带大家集体避暑旅游去，地点选中某个海岛。一听这话，赵长林激动得直拍大腿：天助我也，我就在海岛上收拾收拾这个呆瓜郑爽。

那个海岛赵长林去过多次，情形特别熟悉。果然不愧是智多星，一个小时，赵长林便把一个报复计划设计得天衣无缝，他悄悄买了一个电话卡，不动声色地随大伙上了海岛。

按计划，要在海岛上玩三天，大家游泳、抠海蚌，玩得特别开心。第二天，领导吩咐，晚上改善伙食吃螃蟹，赵长林激动得浑身哆嗦，大家注意力集中在晚餐上，他的机会来了！

这个海岛向东尽头，有片礁石群，平时人迹罕至。当初设计的就是把呆子骗到那边去傻等一晚上，哈哈，那就有好戏看了。赵长林就用新买的卡给郑爽发了短信：

月上柳梢头，人约黄昏后。晚上6点，我在东边大礁石后边等你，暗号是三声猫叫，不见不散。爱你的小琦。

不大功夫，傻子迫不及待地回复：遵命，不见不散。

赵长林得意地笑出声来。这海岸线往东瞧，有一群礁石高耸在那儿，此前他去捡过海蜗。那地方对于谈情说爱的人，简直就是天堂。傻子接到短信，必以为孙小琦约他办什么好事呢，能不遵命吗？赵长林知道傻子胆小，夜里一个人在那儿急火火地等，越等美人越不来，海边这蚊子又大又凶，黑影里礁石奇形怪状，胆小的他能吓出个好歹来！大家吃螃蟹，蚊子啃傻子。这蠢材又认死理，假如待上一宿，洋相出尽，他受到如此捉弄，还不把孙小琦恨死了……哈哈，这一箭双雕的妙计真叫过瘾。孙小琦呀孙小琦，你怎么搭理这样一块木头疙瘩？

果然，到了吃晚饭的时候，不见了郑爽的影子。有人说，小海岛不大，海鲜排档却多得很，这小子可能吃独食，品尝海鲜去了。赵长林暗觉好笑，他吃独食，恐怕是“毒食”开始吃他了吧。

这顿晚饭简直太香甜了！赵长林偷看孙小琦，小嘴儿啃螃蟹油得锃亮，她哪里知道，有个傻子在礁石后备受折磨地苦等，想哭也找不到坟头了！赵长林仿佛感受到了孙小琦的甜吻，这年头，忠厚老实是弱智的代名词，最被时尚女孩鄙视，而智商就是金钱就是一切，姑娘若是知道他能策划得如此绝妙的恶作剧，那还不得佩服欣赏死呀，可惜，这秘密永远不能公开，万一有了副作用，那可就得不偿失了。

宴会正吃到高潮处，猛听得室外雷鸣电闪，眨眼大雨倾盆。局长望着外面，突然脸色大变："不好，郑爽那个书呆子，会不会跑到海里游泳？大家立即带上手电雨具，分头给我找！"

局长不同于普通群众，这几年常常听见哪地方出了大事，领导就得引咎辞职。如今率众旅游，有人若是失踪，他局长脱不了干系！局长发怒，谁敢马虎呀，赵长林随着大家急匆匆地扑进了雨中！

找遍所有的海鲜摊、店，自然不可能发现郑爽。众人在海滩上喊破了喉咙，雷电交加，哪里听得到？赵长林身上冷得哆嗦，他不禁有些后怕，傻子不会让雷劈死或被海浪卷走吧？有心提示一下去那边的礁石群找找，又怕引火烧身，局长会怀疑。他心里一千遍一万遍地回忆买电话卡的细节，好像做得一点破绽没有，可心里仍然不踏实。假设真出了人命，那警察绝不是吃素的……智多星现在一筹莫展，只好提心吊胆地死扛，挨过一时算一时了。

差不多找到半夜，有人提出，郑爽酷爱写文章，认准死理不屈不挠，会不会跑礁石那边体验生活去了？众人跑过去一看，那呆子果然就在那里，人淋得一塌糊涂，还依然对着夜空，隔一阵学几声猫叫……见了领导同事，头一句话就问："孙小琦在哪儿，她是不是出事了？"一听小琦在人群后面答应，他脑袋一歪，就昏了过去。

郑爽被送进医院。还好，大病一场，没有生命危险。局长铁青着脸，当众逼问："说，你跑那地方，到底想干什么？"赵长林的心一下子提到了嗓子眼儿处,这事如果惊动警方,根据短信号码寻找卡主人,是在本市区购买的,那卖卡的说不定能记住了他的模样,要是查出来是他导演的这场闹剧,局长岂肯放过他?别说孙小琦,连这份工作也怕是要丢!万幸的是,那呆子一口咬定,他是去找创作灵感。最后,局长把他骂了个狗血喷头,但念在他靠写作多次为单位争过光的份儿上,总算没有深究。

结局有惊无险,赵长林吓了个半死后,又情不自禁地庆幸自己非但智商高,而且运气也不坏,看来回去后对孙小琦继续强化攻势,抱得美人归只是时间问题。

回到单位,赵长林却渐渐发现有些不对头,那孙小琦不仅没嫌弃傻子,反而公开跟他出双入对,午间吃饭,俩人合伙一起打菜!赵长林想破了脑袋也理不出到底是为什么,某一天,他忍无可忍地堵住了孙小琦:"你为什么疏远我?"

"哎哟哟,真对不起,我哪敢疏远您呢。正准备请您吃顿饭,没来得及,主要是郑爽这几天赶着写小说,腾不出空来。"

"你请我吃饭,关郑爽什么事?"赵长林更加醋意大发。

"请你吃饭是我俩的意思呀,少了他怎么行?"孙小琦幽幽地说:"郑爽嫌写诗歌不过瘾,早就酝酿写一部长篇小说,却苦于找不到亮点,那次海岛让大雨浇了一通,还真激出了火花,一下子让那个长篇柳暗花明。不多亏你把他骗到礁石那边,他个胆小鬼哪敢去那地方,长篇也就谈不上了是吧?还有,我跟郑爽能确定关系,也的确感谢你的撮合,人不可以没良心呢。"

"莫名其妙。"赵长林隐约感觉到了什么,难道卖卡的认识他俩给说了出来?但他岂是那种谁都可以诈出实话的呆子,索性装出一副茫然无知的样子。

"你就装吧。"孙小琦陡然咬牙切齿:"感谢之余,我更后怕。你以我的名义发短信,哄郑爽去礁石挨淋,万一出人命,这罪责谁负?"

“什么乱七八糟的,啥短信?”赵长林矢口否认。

“为达报复目的,不择手段,你还敢狡辩,这就是你人品本质上的缺陷,无法修正的。”孙小琦告诉赵长林,此前,面对他的求爱,小琦还真有些活心,小伙子侃侃而谈,毕竟很有些风度的,而那郑爽才华出众,可缺的就是这,假如俩人合成一个……小琦真有些举棋不定。那次礁石群事件,郑爽以为是小琦惩罚他,但即使不能走到一起,郑爽也不想出卖对方,那样,小孙以后会很尴尬,哪个男人喜欢这么阴损的女人呢?所以,他就坚持说自己是体验生活。后来,当面质问小孙,俩人才推测出那闹剧真正的导演。别说,清醒后一理顺,就是这个短信诡计激活了长篇的构思,郑爽因祸得福,高兴死了。

“你诬陷好人要负责任的。”赵长林心上仿佛被捅了一刀,可他仍然装出冤枉的样子。

“没人想去告发你,谈得上诬陷吗?毕竟你促成我俩的事,功大于过嘛。”孙小琦笑了,“我曾经让郑爽把那短信告诉领导甚至警方,你知道人家咋回答的?他说,算了,年轻人犯错误,上帝都会饶恕,就算是长林搞的,他因吃醋出此下策也情有可原。换成你姓赵的,有这气度?要是你妹妹面对这样两个男人,你会支持她选择你这样的小人吗?”

“什么气度?短信不是我发的!”

“你真不可救药。”孙小琦轻蔑地一撇嘴,“那短信的特殊习惯用语,我都熟得不能再熟,因为你经常给我发,开头总是引用两句诗句以充风雅,而别人没这习惯,明白了吧?把你处置个好歹,没我啥好处,郑爽又坚决抵制。好在我们不亏本,你好自为之吧。”

“我就不明白,咱单位这么好的待遇,不在乎那点稿费吧?一部小说能值多少银子,何况未必写了就出版,你就为这个喜欢郑爽的?”

“风马牛不相及。”孙小琦高傲地一昂头:“我最后选择郑爽,与他的业余爱好不搭边,是因为他在错以为受我捉弄的前提下,淋成那个样子,仍然知道维护我的尊严，这样的男人，跟上他安全；你这人，有一百个心眼，九十九个正经的，可你从来不用，只用那一个歪的，跟你这样的人生活一生，风险太大了。”

这回是赵长林想哭也找不到坟头了！

斜眼娃的邪运

考场得意

烂泥沟有个叫宁一效的男孩，从小聪明活泼，可就是一只左眼斜得厉害，乡亲和小伙伴们背后都叫他“斜眼娃”。小宁的妈妈死得早，是父亲含辛茹苦把他供完了大学。毕业后宁一效四处寻找工作，一心想多赚钱，把老爸接出山沟安度晚年。然而，他应聘了许多次，都落选了。原因他自己知道，都是他的斜眼连累了他，那叫作五官不端正啊。有热心朋友帮他咨询了一下，要矫正这个眼睛，大约要八到十万块钱。朋友就劝他，哪怕是贷款，也得先把眼睛矫正了，那可是脸面问题呀，不但眼下求职，就是将来找老婆，也是个障碍哩。小宁不肯：“我爸爸在山沟受苦，我这边拉着饥荒去美容？无论如何说不过去。”于是，他仍然孜孜不倦地四处应聘，他不信，仅仅是一只眼睛斜了点儿，在学校读书、劳动、体育、人缘……哪样都不比别的同学差，它怎么就会影响工作了。

这天，得知鸿鑫公司要招聘员工，听说以笔试为主，小宁想，笔试为主，那就是形象次之，这正适合他呀，就又报了名。进入考场，小宁一看命题，就知道，这分明是要求为鸿鑫歌功颂德。宁一效不由微微冷笑，仅靠歌功颂德，是不能提高公司的管理效益的。这一想，突然文思如泉，埋下头来，“唰唰唰”一通神写……

这时,公司老总万鸿鑫亲临考场视察,见小宁正凝神答卷,跟其他冥思苦想的考生截然相反,便好奇地走过去。刚走近小宁,小宁下意识地一抬头,那只斜眼与总裁相碰,宁一效的眼睛斜得滑稽,把老总一下子逗笑了。再看他的试卷,差不多将近结尾。老总一看,这小伙子思路与众不同,话语尖刻了点,但文笔流畅,说得头头是道。

老总不由点了点头,问了小宁一些情况,又关切地问:“你那眼睛是怎么回事?可以矫正一下的。”

小宁站起来回答:“我这眼睛从有记忆起就这样。我做梦都想矫正。但目前有更重要的事,我首先要有一份工作,然后接爸爸到我身边,第三才轮到眼睛的事。这是程序,不能本末倒置。”

说得老总当场叫了声“好一个程序”,转身对主考说:“我跟你走个后门,准备留这位年轻人在办公室当秘书。”

哇,全场考生几乎惊呆了,这斜眼娃他简直是走了邪运,仅仅这么几句话居然把老总给“蛊惑”住了!

赌场失意

宁一效被调到老总办公室试用。

万老总原来有一位秘书叫左淳,宁一效过来后,老总把所有的文字活全压到了他身上,小左只负责跟随老总出入各种社交场合,参加各种签约活动。宁一效内心当然清楚自己是怎么个形象,他心安理得地处理自己该做的事。一个月内,他就摸透了老总的喜好,写起材料来得心应手,从表情上看,万老总还是比较满意的。

这天,公司委派钱副总出面,向市政府副秘书长争取一项工程,先期运作当然是请对方吃饭。可恰在这节骨眼上,小左秘书突然得了病,万老板略一思索，就对小宁说："你代小左陪钱副总出去一趟吧。给我记住了，要察言观色，谨慎行事啊。"

出头露面的机会来了，小宁激动得双腿微微发抖。下午谈事，副秘书长几次向小宁提出问题，小宁记忆好，写材料时都掌握着呢，所以回答得体，副秘书长频频朝副总点头："看来贵公司藏龙卧虎，你这秘书比我那些过硬多了，当心我挖你墙脚。"转身问小宁："愿不愿意到我那边工作？"宁一效回答："当然愿意。但是我刚进公司，寸功未建就离开，那怎么对得起老总的知遇之恩？所以，我五年内不敢想这个问题，除非老总赶我走。"

副秘书长哈哈大笑，对钱副总说："你手下铁板一块呀，羡慕，羡慕哟。"

说着，就到了吃饭的时间，钱副总按照事先商量好的，约来两位商界名流作陪。吃过饭，又去楼上开房打麻将。钱副总让小宁从车中提来一只密码箱，掏出一堆钞票推在副秘书长跟前："这可是借您的。您赢了，可以抵账；输了，改日您可得还我。"副秘书长笑着说："那是。"

玩了一会儿，钱副总突然皱紧眉头，对站在身后观战的宁一效说："我要去一趟卫生间，你能不能替我玩一会儿？"

小宁腼腆地答："刚才看出点门道，只怕玩不好。"钱副总大喜："那你先替我玩着，好歹别搅了局。秘书长，我请一小会假。"

高官在场，钱副总怎么敢在房间如厕？他找到服务员，另开了房间，哪想到这一蹲就起不来，一直折腾了两个小时。他想，这样也好，让小宁这个二百五顶替，玩得越糟越理想……

再说麻将桌上的小宁，从前偶尔接触过麻将，都是一角两角的小把戏，但像今晚这样的豪赌，却是闻所未闻，只骇得他那只斜眼也瞪大了一倍。为什么敢接钱副总的牌？他已经观察了在座几位的牌技，想，这臭手还不如家乡的老农民呢。自从一接触，他就看不惯副秘书长那副颐指气使的派头，心想，这种满嘴官腔的人，必定是个尸位素餐的家伙。这回坐上正席了，该得着让他小宁施展一回,合情合理地煞煞对方的威风。好家伙,恰巧小宁这牌抓得得心应手,玩得风生水起,另外三家的钱源源不断地堆到了宁一效的面前。副秘书长输光了眼前的钞票,打了个哈欠:“到此为止吧,别影响明天的工作。”最后冲宁一效竖了竖大拇指:“年轻人,真行,前程不可限量!”

送走了副秘书长一行,宁一效陪着钱副总回到房间,兴高采烈地邀功呢:“钱总,那几个臭手不堪一击。您看,这钱全让咱给拿下了……”突然看到钱副总脸色铁青,以为他肚子疼又犯了,赶紧关切地问:“钱总,您哪儿不舒服?”

“啪!”一记响亮的耳光抽在宁一效脸上,打得他眼前金星乱溅,一下子歪倒在床上。

钱副总咬牙切齿地骂道:“真是天意啊。小左生病,我这肚子也像单单跟我过不去。公司煞费苦心寻找这机会容易吗,没想到事情全败在你小子手里了。”

“这个……”钱副总这一耳光打得委实也太凶狠,宁一效还在半昏迷中,不知道对方说的是什么。

“你猪脑子啊?”钱副总说,“我想不通老总他为什么偏偏留下了个你,这点事还看不出?今晚上那两位是刻意安排好的,牌桌上全配合我,把钱故意输给秘书长的。你倒好……你以为秘书长最后那句话是真夸你呢?他是正话反说!这回希望全毁在你手里,你先去歇着吧,等我向老总汇报后再说。”说罢,钱副总头也不回,自顾下楼坐上车走了,只把个小宁丢在饭店门外发呆。

歪打正着

宁一效昏昏沉沉躺在出租屋里,万念俱灰。自己这回倒了邪霉,这些身份高贵的人怎么这个样子?有话不好好说,尽玩脑筋急转弯。不过,钱副总说的话他却再清楚不过,那分明是要他卷铺盖回家。睡到中午,小宁起来洗脸,感觉颧骨处疼痛得很,便找镜子照,看骨头坏了没有。这一照,把小宁照得如梦如幻,再瞪一下眼细看,没错呀,钱副总那一巴掌打得实惠,把他那只斜眼给打得复了位!

宁一效趴在床上放声大哭。说什么倒邪霉呢,他这回是走了正运。去整形医院那是若干年后的计划,到时候还不知道费用该涨到什么程度了,而钱副总连麻药都没打,免费给他做了矫正!往后,他宁一效可以堂堂正正地面对面与人交流,丝毫不必自卑了。想一阵儿,饭也不吃了,他索性去单位当面向钱副总道谢,顺便把自己的东西取走。别看炒了鱿鱼,他宁一效还是得感谢人家这一掌之德。

小宁刚出门,迎面驶来一辆车,正是万老总的坐骑。司机鸣笛,停下,从车窗探出头来:“宁秘书,老总让我接您过去呢。”

结个账还要专车接,这公司怪人性化的呀。小宁想,可惜自己没缘分,眼睛斜时没淘汰,这眼睛矫正了,却要走人……想着想着,车子停了,他跟着司机直接来到老总的办公室,只见钱副总也在。

老总微笑着说:“小子,你真行啊。”小宁知道是说的那件事,尴尬得无地自容。心想,这些有身份的人怎么个个阴阳怪气,你就说撵我走得了,何必拐弯抹角地挖苦?

钱副总接上话:“老总刚才还夸你……哟,你那眼睛怎么……好了?”

小宁说:“我正要当面感谢钱总呢,是您那一巴掌给我打得正了过来。”

两位老总仔细一看,不由哈哈大笑:“这小子真是个福将……”

宁一效这才知道,原来公司费尽周折夺到手的工程出现了差错,竞争对手挖到了那位炙手可热的副秘书长门下,有风声传出,工程要重新竞标。万老总顿时慌了手脚,与钱副总商量,由副总出面,联络一下感情,先“输”给副秘书长五十万意思意思,然后,万老总再登台“釜底加薪”……总之,为保住这项工程的承包权，什么手段都在所不惜。

“老总，我……”想想老总的知遇之恩，宁一效不知所措。

“这回我要感谢你啦，孩子。”万老总亲切地说，“当初我不仅欣赏你文笔不错，更是感念你有一片孝心，才破天荒地留下了你。没想到得了济，也算善有善报吧。”

这是怎么回事呀？小宁莫名其妙。

“你说巧不巧，”钱副总说，“昨天咱们还热脸贴冷屁股，巴结那副秘书长，今天上午，他被“双规”了。你小宁这下子给公司省了50万。”

“孩子，”万老总慈爱地说，“这事给我敲了警钟。我本来计划送他巨额大礼的，那可是行贿罪呀。你真是我的福将呢。马上把你父亲接来吧，就冲你这份贡献，公司养活你父子俩都不为过。”

“不不不……”小宁慌不择词，“我一定要靠自己的力气赚钱，让爸爸安享晚年。钱副总代表公司帮我矫正了眼睛，我还没来得及感谢呢……”

这一句，把两位老总逗得开怀大笑！

川妹一段情

陈原思应某杂志社之邀，去南方沿海城市参加了一个笔会，归途中在济南东站换车。买好票，他想，有好几个小时呢，何不就近逛逛大明湖？正这么想，猛听身边一个女人微弱的声音：“大叔。”侧脸一看，是个很年轻的姑娘，头发凌乱，衣衫不整。姑娘问：“大叔，您这是要到哪儿去呀？”陈原思答：“刚从南方开会回来，要转车回长白山区。”“啊呀，可遇上老乡啦！”姑娘眼圈儿一红，泪珠扑簌簌流了下来。

可他不认得呀。陈原思细看，姑娘明眸皓齿，举止端庄，不像街头拉客女，也不像他经常遇上的骗子，不由产生了一些好感。他劝姑娘：“别哭，别哭，有话慢慢讲。”姑娘这才止住哭泣，哽噎着讲述了她的经历。

姑娘叫黄梦云，四川人，因不满父母贪图钱财为她包办的婚姻，只身逃走，去常州投奔她一个同学，据说那同学在外混得挺富。谁知找到同学，才知道对方贪虚荣，故意跟家里人吹了大话，她在那边也给人打工，赚的钱却寥寥无几。小黄只好暂时在那边落脚，跟同学一起打工。那边是计时活儿，黄梦云手生，一天十几个小时熬下来，仅能赚7元钱，除去住宿、吃饭，连牙膏手纸都得省着用！这还不算，那工头以救世主自居，竟然对小黄动手动脚。小黄一气之下，离开那家私营厂，流落到江苏某地。哪晓得年少无知，碰上了人贩子。她好歹逃离虎口，可随身携带的物品和为数不多的钱都丢在了人贩子手中。如今她身无分文，又被流氓盯上，真是求生不得，欲死不能！

陈原思一股热血直涌脑门子：朗朗乾坤，小女子何罪，竟受此劫难！他说："姑娘，别急，办法总会有的。唉，你四川人跟我论的哪门子老乡？"

"大叔别误会。四川我是决然不回去了，我有个舅舅在你们长白山种人参，我投奔他去，可是，没钱……"说着，从贴身处找出一个信封。

陈原思一看信封上的地址，离他所在的城市老远啦，而他身上带的钱也不多。他说："我先买点饭给你吃，然后，你跟我走就可以啦。"

陈原思就这样把黄梦云一路关照着，领到他所在的白山市。可姑娘的舅舅在长白山林区，至少还要再前行两天，他心里为难死啦：让姑娘自己前行？再碰上坏人可怎么办；他亲自送去？往返四五天，单位积压的事太多，他抽不开身哪。只急出一嘴燎泡，办法终于有了。

陈原思把小黄领回家，问："你会做饭吗？家中有现成的，做了吃，我出去还有点事。"他出门向朋友借了钱给小黄作路费，这才返回家中。川妹子早已做好饭在家等他，姑娘梳洗一番，已是容光焕发，让陈原思更多出一层感叹："小黄，咱们安心吃饭，今晚10点的火车，我已经安排好啦。"

吃完饭，陈原思递给黄梦云400元钱："你路上用，深山老林，我却腾不出时间护送，只好雇了一位下岗工人。那人绝对老实可靠，他的工钱由我付，21时30分准时报到。"

黄梦云接过钱："陈大叔，您方才借钱去了？您不怕我偷您的东西？"

"我有什么可偷？你看我家里有超过400元的东西？你的路费、陪护工资都不够，我还怕偷？再说，你绝对不是骗子，我看得出来！"

小黄脸红扑扑的："陈大叔，您家中也不富裕。这样吧，能不能帮我在市内找份工作，再苦再累也中，我不想找舅舅去了。"

陈原思说："我当然可以帮你，可那需要时间。这样吧，你先找到舅舅，再与我联系。实不相瞒,我离婚了,收留你,有诸多不便。”

“您这样的好人,还有人与您离婚?”黄梦云道:“陈大叔,我这一去,更不知能不能再见到您。小女子身无分文,没别的报答,我心甘情愿……”她说着,径自开始解衣扣。

“你给我住手!”陈原思一声大喝,见姑娘被他吓得一哆嗦,又婉转了口气:“我陈原思一介穷文人,却绝不是乘人之危的角色,姑娘,咱们到此为止,请你务必自重。”见小黄眼圈儿红了,又劝道:“我谢谢你。从今以后,你不再欠我什么。我只希望你能好自珍重,走好今后的每一步。”

姑娘随护送她的人走了。谁知当天深夜,陈原思雇的那位老友一脸怒气来见他,道是姑娘见火车来了,却突然变卦,不再用他送。他怕误了朋友之托,一再坚持,小黄却说了些不中听的,什么你没看陈大叔那么困难,怎忍心赚他的佣金。实在拗不过,老友只好独自回来交差。

“黄梦云果然有些性子。从她抗婚一事也可以看出。”陈原思不久就把这件事忘了。

冬去春来,转眼六个月过去。这天,陈原思正在办公,有人敲门,惊得他大张着嘴半天没合上:站在他面前的正是去年冬天遇他接济的川妹子黄梦云!姑娘一改从前的饥寒之色,穿一套很得体的衣衫,更加楚楚动人:“陈大叔,多谢您的帮助。我找到了舅舅,又返回来,在市区内找了份工作!”

姑娘请陈原思到饭店吃饭,并掏出一沓子钱:“陈大叔,您当初帮我买车票,又借钱送我上路,今天我自己赚得钱来,加倍奉还,这大恩却永世不敢忘怀。”

陈原思哪肯要这钱:“上次我不是说了嘛,其实我已离婚,独身一人,自己吃饱,全家不饿,你有个好归宿,我也就放了心,今后不许钱呀钱的。”

“也是。人与人之间除了钱,难道不会有更美好的东西吗?陈大叔,原来您仍是独身一个呀?说说为什么离的婚?”

“都过去了，说它干什么，离婚这东西又不是我发明的。说前妻好吧，好，怎么还离婚？说不好吧，毕竟十几年共同生活，我不想诋毁她。”

“陈大叔，您太善良啦。假如您的前妻正在别处诽谤您呢，您想不想听？”黄梦云脱口说出陈原思前妻的名字，“刚才跟您开玩笑。其实我把您的一切了解得差不多，您前妻真的造过您的谣呢。”

“由她吧，但请你不要讲出来。”

黄梦云拿出一沓稿纸：“陈大叔不收我还的钱，我想把这事写成表扬稿，寄到报社、电台，请过目。”

陈原思接过稿件看了一遍：“小黄，我坚决不同意发这篇东西。可我发现你文笔这么好，搞文学必定有前途。如果你感兴趣，我可以辅导你。”

饭后，天已黑了，黄梦云一定要陈原思到她住处看看。原来是很洁净的一间小屋。泡上茶，黄梦云脱去外衣，十分认真地说：“陈……陈老师，您说，我是个坏女孩吗？”

“我什么时候说过这话？”

“陈老师，我坏不坏您一会儿就清楚。我想说句心里话，自打济南东站一上车，我就发觉我爱上了您，真的。尤其是后来的事，更令我今生无法忘却。陈老师，实话告诉你，我充当了一名骗子的角色，请您听我说完……”

黄梦云的确是四川姑娘，跟男朋友到白山打工，的确有抗婚的成分，但他们只打算以后共同生活，并未提前偷尝禁果。岂料天有不测风云，男友突然患上了癌症，维持生命需要昂贵的费用，他俩靠擦鞋赚的那点钱很快花光，而男友是个孤儿，找不到任何援助。正在绝望之际，黄梦云碰上了她经常为之擦鞋的一位大姐，听到她的遭遇，十分同情，当时掏出1000元钱。萍水相逢，这么慷慨，小黄哪好接受？大姐说：“没事的，你啥时有啥时还总可以了吧？”

男友的命根本无法保住，终于客死他乡。黄梦云心里惦记着那位好心的大姐，于是仍旧在原地摆摊擦鞋。果然，那位大姐又来了，说到还钱的事，大姐一笑：“我从来也没打算讨回，假如你拿着钱跑了呢？我羡慕你有个知心男友，哪怕爱一天，也谈得上质量；你看我，让一个狠心的丈夫坑得好苦哇。”

“大姐”便是陈原思的前妻，她告诉小黄，自己如何含辛茹苦，卖血供陈原思自修大学，又省吃俭用地给他增加营养，谁知这人一出名心就变，在外边乱搞女人不说，回家对她非打即骂，后来，又把她抛弃了，害得她孤苦伶仃……

这么善良的好人受欺负，黄梦云恨得银牙咬碎：“大姐，您不能这么忍了，我也会写东西，写几篇稿子发到报纸上，让他抬不起头！”

“傻妹子，你年轻。那顶什么用？我不仅让他坑了青春，经济上也蒙受了重大损失。我娘家祖传一件文物，结婚后被那狠心的偷走，转移，那文物说不上值多少钱！我对不起祖宗，也对不起自己。妹子，我想弄回那件国宝，可是他做贼心虚，对我戒备得严，怎么能够靠近他？可恨这一辈子让人耍了，死不瞑目！”

听了大姐的控诉，黄梦云再也控制不住：“大姐，可惜我没能耐，假如认出那个衣冠禽兽，与他同归于尽也心甘！”她执意要求大姐提供一些有关陈原思的情况，大姐这才说，最近陈原思要从南方回来，必经济南东站。两个人把行动周密地策划、演习了多少遍，又在济南东站等候了两天，到底等着陈原思，大姐避开，剩下的戏就由小黄上演了。

小黄一路上与陈原思同行，唯恐自己把握不住，让老色狼占了便宜。可是，人家除了同情，并无丝毫非分之举。她又想，到了市区，陈原思一定让她去家中，那时，他原形一露，姑娘立即发作，如不交出那件文物，她便以死抗争，让他就范。但是，人家陈原思不但没动邪念，到最后她自己豁出去，对方依然不为所动。姑娘对大姐的话开始产生怀疑，当晚，把陪护她的人气走，黄梦云在市区内留了下来，她打工之余，逐步打听陈原思的为人，才晓得大姐欺骗、利用了她。小黄用自己赚得的钱将大姐的施舍一并归还，又来找陈原思。

“原来如此。”陈原思长吁一口气，“我与前妻的确是患难夫妻，但我本人至今也搞不清的是，为什么竟然过不到一起去了。闹到法庭上，那就真正地伤了感情。她开始起诉，经调解仍然无效，但当我答应离婚时，她突然又要撤诉。我这人脾气不好，觉得让一个女人说休就休，说留就留简直是丢尽了面子，就说，你不离了？我离。对方咬定我果真要离，那就是有了外遇。我说，有就有，反正得离婚。那女人见覆水难收，就在财产上做文章，我把房子、存款都给了她。小黄姑娘，我不知道那女人到底是怎么回事，她猜我如此不计较金钱，必是有宝物在手。我家的确有一本林则徐的字帖拓片，是我祖父留下的，我也曾说过这是我家传的宝物，其实值不了几块钱的。而她不仅说成是她家传的，还想要了去。偏巧那东西被我一个爱好书法的朋友借了带去外地，一时又无音信，我如何拿得出？尽管法院判定那所谓国宝不是共同财产，我们离了婚，可那女人还是怀疑我离婚必是想独吞‘国宝’。咳，我猜她患了某种疾病……”

陈原思从铺底下拽出一只旧箱子，里面几本线装旧书，他挑出一本：“我不如早给了她，害她熬了这么多心血。”

黄梦云“扑哧”一声笑了，她看不出书的价值，但如真是“国宝”，也不会这么存放的。她笑着问：“陈老师，她那么算计您，您不恨她？”

“顶什么用？今后各自为生，时间一久，她自己腻了，事情也便自然消失。”

黄梦云转过身去。半天，“嘤嘤”哭出声来，越劝越甚，只哭得花枝乱颤！

“陈老师，您方才说我不是坏女孩，当真？”

陈原思点了点头：“欠人家的情，你所做的一切都出于一种侠义心肠，我理解。”

“不！我是说，我仍然是处女之身。”黄梦云大声道。

“这，我们不该讨论此类问题的。”陈原思很尴尬。

“要讨论。我要你验证，今夜，我心甘情愿地把一个女孩最宝贵的东西献给您。我跟男友在一起时，他几次求我，甚至哭过，我都没答应……”黄梦云又开始脱衣服。

“不，小黄，你如果真的对我有感情，尽管年龄悬殊，我们也可以谈婚论嫁。但这么草率不成，我们之间了解得太浅……”

黄梦云又哭了：“陈老师，您这点意愿都不让我满足吗？谈婚论嫁？我没那个福分了……我已经患了绝症，不出半年，就会化为一缕青烟……”她颤抖着掏出一叠诊断证明。陈原思一眼便看到有几张化验单上盖着长方形红戳印：“找到癌细胞”！

“不可能！”陈原思说，“小黄，你的男朋友已经那样了，癌症怎么可能专找你们俩人！不要怕，我一定尽力为你治病，哪怕倾家荡产也在所不惜！”说着，他站起身，郑重地握住了小黄的手。

暖水瓶事件

上午,时尚旅馆的小服务员章宁宁收拾完卫生,又忙着给各房间分发热水。她抓起两只热水瓶,一转身的工夫,就听“哗啦”一声响,其中一只暖瓶的瓶胆从底部掉落,摔得粉碎,热水和碎玻璃飞溅在女孩的脚上,疼得她“妈呀”一声蹦起来!

旅馆的老板邢胖子正在吧台里按计算器,见服务员把暖瓶给砸了,“腾”地站起:“你还能不能干点啥了?砸碎一只暖瓶赔100元,本店有规定的。”

女孩吓得呆在原地,那只被烫伤的脚不停地颤抖。她正要找扫帚打扫现场,从外面踱进来一位50多岁的男人:“哎哟,孩子,你咋这么不小心?还不快把袜子脱下来,那脚面该烫起泡了!”男人把宁宁扶坐在旁边一张椅子上,小心翼翼地帮女孩脱下袜子,吃惊地“啧啧”连声:“你看你看,破皮了,大热天的感染了可不是玩的……你等等,我去买药。”

旅馆隔一个门就是药店。很快,那男人跑回来,把一张发票往吧台上一拍,掏出一支烫伤药膏和一小卷纱布,把药膏仔细地涂在伤处,女孩的灼痛感立即得到了缓解,男人又轻轻地用纱布替她包扎……

看着眼前发生的一切,邢胖子觉得莫名其妙。他拿起吧台上的发票,心想,这是让我报销啊,我招一服务员莫不成还要养她老?就板着脸问那男人:“你是什么人,管本店的闲事,这发票啥意思?”

男人站起来，从怀中摸出一张身份证放在吧台上："我是什么人？我是这孩子她大爷。碰巧赶上了，管管不行吗？那发票是让你放心，证明买的不是假药。"

敢情不是讹他报销。邢胖子松了口气："大爷？宁宁咋说不认识你？哎，你叫于永海，她叫章宁宁，你怎么会成了她大爷？"刚才这于永海买药离开，邢老板问过宁宁那是谁，宁宁只会惊恐机械地摇头，她不认识呀。

这时候，听到异样声音，楼上住宿的客人下来好几位瞧热闹的。于永海伸了伸胳膊："大爷非得一个姓吗？我是她爸爸的好朋友不可以吗？请问邢老板，你这暖瓶外壳都烂了，为什么不及时更换？就算这只暖瓶碎了责任属于宁宁，一只暖瓶几个钱，你让她赔100？"

"这是本店的规定。"邢老板振振有词，"招聘时，都讲清楚的，哪个也休想要赖。"

"我就不理解了。"于永海摇着头，"这小女孩干一个月，你给她多少工钱？"

"600元，供吃、住。少吗？"在这个北方城市，也就这价了。

于永海撇了撇嘴："干一个月才600元，你一只暖瓶就罚人100……"

"咋的啦？"邢胖子从吧台转出来，"你成心找茬是不是？这规定不是我临时发挥，她在这儿两年了，你问她，我什么时候罚过她一分钱？"

"这么说，她是初犯？"得到肯定后，于永海从兜里掏出一张百元票，还是那么往吧台上一拍："看好了，我替侄女儿赔这只暖瓶……不过，这伤却马虎不得，这膏药止住疼，我还得带她去医院。"于永海又掏出一百元："她一天的工钱20，这算误工罚款中不中？"说罢，搀起章宁宁就往门外走，把目瞪口呆的邢胖子晾在了那儿，一时不知如何是好！

走出旅馆，斜对过就是一大医院。过马路时，章宁宁这才从紧张、惊吓中缓过神儿来："大爷，我真不认识您啊。您为什么花那么多钱？"

“孩子，这个大爷我的确是‘假冒伪劣’，我真的不认识你，可是如果不这样蒙他，就没理由替你争这口气。”于永海说，“我恰巧撞上了这事，就不能不管。大小是个老板，你说他能在一只暖瓶上赚员工的钱吗？简直是鼠目寸光的守财奴。”

是这么回事啊，宁宁心里温暖得不行：“大爷，那我谢谢您啦。不过，我是穷人家的孩子，哪里会那么娇嫩。这伤不重，又有一大管药，就别再去医院浪费钱了。”

于永海点点头：“也好，那咱去挂号大厅稍坐，我有话对你说。”

带着女孩来到医院挂号大厅，找了张椅子坐下，于永海再次把身份证掏出来递给女孩：“你也验一下我的身份证吧，这样，说话你才不至于怀疑。”

于永海说真巧了，他是北煤宾馆的老板，承包到手不足一年，那地儿离这里不到500米。

“我知道。”女孩笑了。这附近顶数那家宾馆大，作为同行业，她会不知道嘛。

“我今天随便溜达，就没开车，偏偏你们店的大门开着，就让我撞上这暖水瓶事件，我感觉咱爷俩有缘分。”于老板极其认真地说：“孩子，我带你去我那边看看，要是满意，就把这边辞掉，我每月至少给你开800元。至于吃、住条件，你那家时尚小店，根本无法相比。”

女孩明亮的眸子一闪，随即把头低了下去：“可是，我在那里干了两年，老板还是头一回冲我发那么大的火。我奶奶常说，父打子不羞，官打民不丑。仅仅为挨几句骂，罚点款，就这么给人把活扔了，太不仗义了吧。”

“丫头，你嫌少？900，怎么样？”于老板较上劲儿啦。

面对这突如其来的好运，女孩简直不知所措了：“大爷，不是钱的事。就冲您对我这么好，500元我也不会嫌少，可就是跟邢老板不好交代。”

“我有办法。”于老板还是坚持挂了急诊，让医生重新把伤处作了处理，同时,他打电话叫来了司机,载着章宁宁回到时尚旅馆,对邢老板说,医生嘱咐宁宁的脚至少要休息半个月,为不耽误工作,不如先同意宁宁辞职吧。

一见对方又是轿车,又是司机,邢老板被人家的气势压住了。再听说服务员的脚伤挺重,正好推脱责任,巴不得地给宁宁结算了工钱。

来到于老板的办公室,于老板对宁宁说:“你别感到事情反常,也不必疑虑我是不是对你有别的想法。这件事于你来说,是机遇;对我来讲,是缘分。借跟邢老板拌嘴的机会,我已经对你进行了考察。第一,你工作两年,初次挨罚,证明你有一定的工作能力;第二,我出高薪引诱,你在受了那么大委屈的前提下,仍然感觉到辞职有愧于邢老板,证明你这孩子极有良知。千军易得,一将难求,所以我铁了心要挖你过来。”

“大爷,不,老板,您跟邢老板认识? 要不怎么知道他姓邢。”

“什么认识,”于老板笑了,“他身后挂着个营业执照,那上面写着呢。”

章宁宁佩服得五体投地,不愧是大老板,说句话完成了考察,进回门连老板的姓氏都掌握了。瞧那个邢胖子,整天不是按计算器,就是盯着员工找毛病,俩老板天地之差!

章宁宁做了北煤宾馆的领班,很快升为客房部经理。在北煤宾馆一做就是5年,甚至把婚期一拖再拖……女孩说,这是哪辈子修来的福,砸一只暖瓶,却遇上了贵人于大爷。

最得意的还是人家于老板。自打章宁宁接手客房以来,那个部门没用他操一点心,士为知己者死,这丫头唯恐做得不足,让贵人于大爷失望。假如餐厅、后勤的主管都这样得力,他至少还可以多活几年,可惜像章宁宁这样死心塌地为他卖命的员工真是可遇不可求……暖瓶、误工、医药……仅仅花掉两三百块钱,这买卖让他赚大发了!

想到这里,于老板不禁有些感激邢老板。

伤疤啊，伤疤

邹喜录出生在一个偏僻的山村。他父亲去世早，妈妈是村里的医生，整天忙着给人治病，对自己的儿子反而没精力照顾。一次，妈妈翻越一道岭去那边行医，小喜录自己在家玩耍时，突然犯了癫痫，昏倒在灶坑前，右边脸上被炭火烧出酒盅大小的疤坑，活像一个超大酒窝，拐带得右眼角拼命下斜，那样子真是既丑又凶。随着年龄的增长，邹喜录仿佛感觉到了周围都是厌恶和鄙视的眼神，哪怕是有人夸他几句，他也觉得是不怀好意。邹喜录想起这块伤痕就抱怨母亲："一个女人，整天到处乱跑，像什么话？连自己的儿子都看不好，你还空谈什么治病救人。"母亲自知对不起儿子，只能劝慰："小录，咱山沟里哪户不是小孩子自己在家？妈妈要知道你有那病，打死我也不会离开你。人有好事，莫问前程……日子总有一天会好起来的，到那时，妈带你去大医院整容，听说现代医学能治得看不出痕迹来。"

邹喜录怎么可能听得进这样的劝说。哼，你倒做了许多好事，你的前程在哪？正在这个时候，他妈妈病倒在床，邹喜录端屎倒尿，烦恼透了。一咬牙：当年不管我，我也不管你。想到这，他偷了家中的几千块积蓄，悄悄出走，去了南方。

邹喜录打听到一家整容医院，想把这块伤痕修补好。可医生说了个价钱，差点没把他吓死：手术费用十二万，就他口袋里的那点钱，打麻药都不够!

整不了容,邹喜录也决定不回家了,在这边找点事做,省吃俭用攒够这笔钱,不把这伤疤去掉,他宁可死去。可他那副长相,打眼一看,都怀疑他是黑社会那种打打杀杀的亡命之徒,否则不会有那么大的伤痕,哪个肯收留呀。邹喜录无路可走,就破罐子破摔,在当地黑社会头子“恐龙”门下当了名马仔。

当了马仔的邹喜录尽管表现得特别奋不顾身,可仍然得不到恐龙的赏识。为什么?他那块伤疤目标太大,每逢作案,太容易让人记住,他不戴面罩不敢出头。眼见得比他小几岁的人都娶妻生子,邹喜录知道他这样子没人喜欢的,喝上点酒就哭:“哪个能治好我这块伤疤,我这条命就是他的了!”

这一天,恐龙把邹喜录叫到他跟前说:“你不是整天惦记要去掉那块疤吗?我能帮你。有件事情你能做成,这伤痕就立刻消失,就看你有没有胆量了。”

听说主子要帮他消除那块伤疤,邹喜录喜出望外,差点给恐龙跪下:“大哥,您真帮了我,就是我的再生父母,我说过,这条命归你了,还有什么不敢做的?”

“傻孩子,命给了我,你治不治疤还有什么意义?我要你好好活着,过幸福生活。”恐龙笑着站起来,拍了拍他的肩膀:“桌子上信封里是两万块钱,你先拿去,无论那事敢不敢做,钱都是你的啦。”

邹喜录想不收这钱都不敢。恐龙见他从了,便说出要让邹喜录做的事:杀人!恐龙跟当地政府某官员有过节,却苦苦找不到机会“修理修理”对方,最近摸清楚了对方底细,那官员在民康小区某幢楼私下包养了一个小情妇,两人如胶似漆。那小情妇得寸进尺要“转正”,官员虑及前程不敢与妻子离婚,两人就吵得很凶。恐龙的意思是让邹喜录把小女子杀掉,这样,那官员即使摆脱了嫌疑,也难免丑行暴露而身败名裂。

见邹喜录面露难色，恐龙又笑笑：“你把事情做完，江堤上候着一辆车，连夜载你到邻省省城做美容手术。我同时会给你办理好新的身份证，从此，你可以以全新的名字、面目生存于世上，只是别再提到我。”

邹喜录一想，“干，为了这块长在心头上的伤痕。干坏了，顶多是死，可让他顶着这伤疤一辈子，活着还不如死！”

经过精心准备，他顺利地杀掉了官员的情妇。恐龙并未失信，连夜派马仔送他到外省，花费几十万，给邹喜录做了整容手术，纱布揭开，邹喜录喜极而泣，那个疼在他心尖上十几年的大疤真的给填上了，出现在镜子里的是个挺帅气的男子汉。休养了一阵子，马仔送来一张假身份证，上面是邹喜录整容后的照片，名字改成了王伟：“王伟同志，大哥告诉你，要低调一些，找个偏僻些的地方过日子吧。”

变成王伟的邹喜录千恩万谢，告别马仔去了北方一个偏僻的小县城，在郊区选了个地方安下身来。不久，他在网络上发现了有关他的通缉令。他自认为做得天衣无缝，也还是被警方查了出来。这时，假王伟才明白，恐龙为什么舍得在他身上花这么大本钱，那是利用他显著的特点，作案后把警方的视线引开，他恐龙就可以“稳坐钓鱼台”了。

假王伟提心吊胆了一阵子，见没人注意他的存在，整容处的皮肤颜色也渐渐恢复得自然些，就跃跃欲试想找个女人过日子了。他看上了一个模样好看的女孩，拼命追人家。女孩却对他爱理不理的，那是嫌他没钱，没正事。恐龙给他的那点赏赐，怎么可能满足得了女孩的物质需要？假王伟这时才又有了新的感受：去掉伤疤，口袋里没钱，也还是照样难过呀。他把剩下的钱数了数，看到郊外一家小吃店外兑，就接收过来，当了小老板。

不管大小，假王伟变成了王老板。警方四处张贴缉拿邹喜录的通缉令，假王伟强忍住笑要了一张，夸张地张贴在小店最显眼处，现在看看那照片，神探也联系不到一起去呀。王老板发现，他的小店前面是一所学校，如果服务态度和饭菜质量好一些，老师学生们肯中午到这边吃饭，多少还是能赚些钱的。这样，他起早贪黑地忙碌着，生意渐渐有了起色。

说话间天气变暖，王老板发现了隐患：怪不得这饭店兑得便宜，敢情学校那厕所在作怪呀。厕所依围墙而建，粪池暴露在墙外，离饭店很近。冬天还没觉出什么，天一暖，招得苍蝇成群，室内一天两遍喷洒灭蝇药，仍然挡不住它们满屋子乱飞。眼见得顾客渐渐稀少，王老板懊悔不已，这饭店要砸在手上了！

这天天黑后，正生着闷气的王老板看到煤气罐空了，需要灌气。他晃了晃，水声响亮，知道罐里有许多残渣，自己不倾倒干净，分量上要吃亏的。为图方便，他就近把残渣倒进了厕所的粪池。嗅到那股刺鼻子的怪味，王老板突发奇想：说不定这一熏，苍蝇全死光了，那他可要申请专利呢。

放下空罐，王老板进厕所里解手。这工夫，电话响了，他在蹲位上往外掏手机，却被衣服挡了一下，那响着彩铃的手机脱手掉进了脚下的粪坑里。王老板吃了一惊，急忙起身，打着打火机举到腮边，弯下腰去查看手机位置。看着看着，猛听"轰"的一声，打火机点燃了煤气残渣，一股火燎到了他脸上，疼得他呼爹喊娘地逃出厕所……

王老板的伤还没完全治好，就被公安局抓了起来。说来真是报应，那片火不偏不倚，恰巧把他当年整容补上的皮烧掉，让他原形毕露。医生认出了躺在眼前的，正是网上通缉的杀人犯邹喜录……

邹喜录为了那块疤铤而走险，杀人潜逃，没想到折腾了一圈，那伤疤只做了短暂的消失，又牢牢地回到了他脸上。由于检举了恐龙团伙的许多罪行，他一审被从宽判为死缓。在羁押处，他见到了故乡的村主任。村主任眼含热泪告诉他，自从邹喜录离家出走后，村民们自发组织起来，轮流照顾他患病的妈妈。但因为儿子的出走，妈妈终因伤心过度，已于近期去世。村里人想尽一切办法寻找邹喜录，但是他杳无音信。山村当年虽然贫穷，但是拥有一片落叶松树林，一直与隔岭某村打着归属官司，今年官司终于胜出，林权判归邹喜录所在的村子，落叶松也到了砍伐期。感念周妈妈生前为村民做了那么多好事，又因行医伤了儿子的脸，如今有了报答的能力，大家一致同意割出一成来划归邹喜录继承。“那片松树大概能卖五六十万，估计给你整容用不了的。如今成了这样子，让大伙怎么跟你死去的妈妈交代啊？”

邹喜录脑袋嗡嗡作响，他反复回忆着妈妈生前那话：“但行好事，莫问前程；善有善报，恶有恶报……”唉，他要是肯听妈妈的劝说，再忍耐几年，眼前分明是一条阳光大道呀……

第二辑

天上掉下一笔财

第二辑

老友卖拙

五年前,小青年郭玉平和黄天庆一同离开那个山沟,分别到南方相邻的两个城市打工。郭玉平横下心来要做个样子给大伙,尤其是给黄天庆看看。然而,也是命运不济,他折腾了三年,可以说一事无成。期间小郭跟黄天庆通了一回电话,黄天庆告诉小郭,他从某公司一个工地采买做起,因为诚实守信,很得老板赏识,一步步升到了助理的位置。后来老板退出,把公司卖给他经营,现在辖下有20名工人,大小也算个老板。“哥们儿不要客气,咱俩好歹也是一起长大的朋友,有啥事只管吱声,我黄天庆头拱地也得帮你办。”

黄天庆的确是真心实意地表态,可这话却让郭玉平很伤神。当初在家乡那个叫横道河子的小山村,上千口子人丁中最出色的就是他跟小黄,被称为俩“人尖子”。而今黄天庆一步登天,满地球装不下了,听听他这股小人得志的口气!挂断电话,郭玉平狠狠地抽了自己俩嘴巴:“你这个不争气的东西,受小人的气也活该,没事打什么电话呀。”

自从那次联系上了,黄天庆便经常打电话来问小郭怎么样了:“要不行就来这边发展,多一人多一份力量呢。”小郭嘴上硬撑着说不错不错,心里越发较上了劲儿,他姓黄的是不是摸到了底细,故意刺激我呀?老子人穷死还有骨气在,不可能去扳你的门坎儿。

可发狠归发狠，郭玉平事业上仍然一步一个坎儿，最后好不容易找到一家称心如意的公司，可不久老板出了车祸，公司倒闭，郭玉平口袋里只剩下两百块钱，那真是想哭都找不到门呀。

恰在这时候，黄天庆又打来电话："哥们儿，有时间过来聊聊呗，我请你吃海鲜。"郭玉平一咬牙："我最烦的是海鲜。等着，我午前一定赶过去，我请你。"

郭玉平人穷志不短，一定坚持请黄天庆吃饭。见到黄天庆身上穿着极普通的休闲夹克，坐公交来接他，小郭心理平衡了许多，原来你也是穷酸老板，比我强那么一点点而已。心里清楚口袋里没钱，郭玉平就虚张声势地说喜欢川菜。其实他下车时就看好了，附近只那一家简陋的川菜馆，花不了多少钱。黄天庆只好任他拉着进了那家小店。

两人坐下，服务小姐送来菊花茶，同时有小碟装着冰糖块儿。黄天庆说："这菊花加点冰糖，败火又好喝。"说着，伸出手指拈起三块冰糖，放入自己的杯中。

小郭憋不住在心里暗笑：真是尺有所短呀，你不过当上个土鳖财主，其实浑身仍旧脱不了土包子气，这冰糖哪有用手指头捏的？他斯文地伸筷子夹着冰糖往自己杯里放，就感觉除了钱，自己丝毫不比黄天庆差到哪里去，气氛很快融洽起来。

几杯酒下肚，哥俩又回到当年那个小山沟里，讲的尽是少年时代的糗事。郭玉平把不快全部抛到了九霄云外，借着酒劲把自己的倒霉事向好朋友一股脑儿吐了出来。黄天庆吃惊地瞪了他半天："伙计，你咋不早说？我运气可比你好得多，现在管辖着20个多人，每人剥削他100块的剩余价值，那就是两千，何况哪里止100块呢。你要是真拿我当哥们儿，需要钱创业就快说。"

让我拿他当哥们儿？这话听着顺耳。郭玉平把自己的想法亮了出来，他把市场考察得相当清楚，在那个城市扎绢花卖肯定是冷门，可惜他手里缺乏资金。

“哈哈，谁说你总倒霉，我看你是福将呢。”黄天庆告诉小郭，他本来资金也是捉襟见肘，谁知道三天前刚刚到手一笔“横财”，“这点钱全借给你吧。”他不由分说，拉着郭玉平就去附近一家银行取出钱。小郭要打欠条，黄天庆一筋鼻子：“我若是担心你不还，还莫如不借你呢，拿去。”

这回又轮到小郭心里暗自嘲笑对方了：瞧你那小人得志的样子，有俩钱不知道姥姥家姓啥了。这样素质的人都能当老板，我郭玉平还差什么？

有了资金，小郭也就时来运转。他本来专门学过绢花工艺，一旦找到适合发展的市场，顺利极了，当年不但赚回投资，还把借黄天庆的本钱打了过去。黄天庆十分欣喜，直夸小郭讲信义，是他学习的样板。

消除了当年那层尴尬，两人的电话频繁起来，小郭不断把自己的经营心得告诉黄天庆，从小黄的谈话中，他也汲取了不少可借鉴的经验，他的企业呈现蒸蒸日上的趋势，如今，也有人称呼他“老板”了。

有一回，郭玉平得知黄天庆要扩大规模，正四处筹借款子，小郭恼了：什么人呢，开口闭口教导我要把你当哥们儿待，你自己是如何做的？他吩咐会计把一笔款打入黄天庆的账户，这笔钱比当年小黄借他的10倍还多，然后，他亲自“杀”上门去“问罪”。

找到黄天庆的公司，小郭吃了一惊，这么大的门脸，怎么可能是只有20名员工？黄天庆有急事出去了，只能由助理陪郭老板喝茶。郭玉平问：“你们这企业多少员工？”

“200多名。”

郭玉平又是一惊：“我两年前到这边来会见过你们黄总，那时他手下……”

“那时候多，大约300余人，大小汽车5辆。”助手回答，“后来黄总感觉有些臃肿,去年分掉了一部分,让别人经营去了。”

原来是这样。郭玉平恍然大悟,这个黄天庆,他明明看穿了我的自卑心理严重,当初穿休闲装、挤公交车,那是故意低调“搞缓冲”呢,甚至编造发横财的谎话,就是千方百计给我台阶下……这老伙计不愧是发小,当初他要是真摆出大老板的架势,我郭玉平还不转身就走呀,那怎么会有今天?小郭的眼睛潮湿了:“待会儿我要跟老朋友直言,他有些小节不注意,影响形象呢。上次来时,老伙计直接用手去捏冰糖,这太不雅了。”

“噢,那是我们老总的处世技巧。”助手说,“他肯定是看到您当时比较拘谨,故意卖拙,好让您心理平衡啊……”

话没说完,门开处,黄天庆急匆匆赶回来了。郭玉平抢步上前去,紧紧地握住老朋友的手,只顾不住地摇晃,一句话也说不出来。

惹气的春联

新春佳节,大老郑去市场精心挑选回一副措辞喜庆、祥和的春联,大年三十就贴到门上。初一早晨开门,就看见楼上的方老先生正站在楼道端详他家的春联呢。没等大老郑开口,人家方老先生就抢先问候:“过年好,邻居。”老郑赶紧回敬。又听方老先生说:“挺好的春联,你怎么把上下联给贴颠倒了呢?”

大老郑好不丧气,心想糟糕,这老方头虽然刚搬过来半年多,可整个小区差不多都知道那是个有大学问的人,在省楹联学会挂理事衔呢,他说颠倒了,那必是颠倒的。但他又不甘心让对方笑话或者低看,于是点头赔笑:“谢谢您提醒,这是家属贴的。”

“贴倒了,承认一下不就完事,还往家属身上赖。那你这户主是干什么的?”老汉不依不饶。方老汉嗓门大,又爱较真,若让他嚷嚷开来,楼里邻居都听到了,那更没面子。大老郑只好再次告饶:“谢谢您老人家提醒,明年我一定改正。”

大老郑事后琢磨,自己书读得不好,那也叫初中毕业,这个春联一共两张,怎么就会给贴倒了?老师当初讲没讲过呀,记不起来了。他请教过几位懂行的,回答说那还不容易,尾字平声的是下联。

到了年底,大老郑又买对联去,他一眼看上了带有“增百福”字样的那副,因为他大老郑就叫做郑百福。回家后不放心,他打电话给远处一位教中学语文的亲戚咨询,刚念了“……增百福”,亲戚就说:“这肯定是上联,绝对错不了的。”

照亲戚的指点贴上,大老郑初一早晨把耳朵贴在门上听。哎,那伴随着手杖慢慢腾腾的脚步准是方老师下楼来了,又在他门外停住。大老郑假装碰巧打开门的样子,忙给“巧遇上”的方老师拜年。方老师瞪着眼睛晃脑袋:“更不对了。”

“更不对了?”大老郑觉得这老头儿纯粹是故弄玄虚了,顶多是个错,怎么还有“更”?一副春联,教中学语文的老师指点过,还不准确,难道要弄央视鉴宝节目上去呀?

“那写对联的是半吊子,两句全是上联!你怎么搞的,连副春联都选不明白。”

大老郑本人特迷信,大过年的让人堵着门指点这不好那不对,心里别提有多窝囊了。他赶紧抽自己嘴巴,解嘲说都是那年代给害的,没让好生读书。老先生抢着了理,这才心满意足地离开了。

事后,大老郑越琢磨这春联的事越上火,凭什么如此简单的两张纸,却让一外人给弄得如此复杂。这一年也巧,家里许多事情都不顺,大老郑觉得都是那春联触了霉头,于是到了第三年,他一赌气,索性不贴了。我不贴,让方老头没地方挑毛病去,憋死他!

初一,初二,门外静悄悄的,没听见方老师评判他的春联。大老郑这才松了一口气,早知道,去年就不该贴。正想着,却听门外有人吵嚷,又是方老师那大嗓门。敢情老汉这个年是去乡下他哥哥家过的,初三才返回。上得楼来,就敲大老郑对家邻居的门,询问:“大老郑过年不贴春联,不知他家里什么人过世了?”

“没听说过呀。”邻居回答完问话,又好奇地质疑:“过年不贴春联,并不能证明是死了人吧?”

“这你就不懂了。告诉你,我不但是对联专家,还是民俗专家,对有关春联中的民俗进行过专门研究。家庭重要成员去世,头一年不贴春联;第二年要贴,写在白纸上;第三年写在黄纸上。过去三个年头,才可以贴红色的。这个大老郑挺重视春联的,他不贴,肯定是家中有人故去。”方老师说:“邻里邻居的,有个红白事,无论如何也得通知大伙一下,随份子礼,这是人之常情!”

大老郑一屁股坐在地上。他现在不出去,堵得慌;开了门,也许更堵!

我是你大哥

岳小满的老婆跟她的老板居然在家里偷情,让岳小满堵了个正着。没想到那奸夫是个无赖,做了恶事丝毫不觉得理短,反而把小满痛打一顿,那个不要脸的女人当场扔下一句“这日子没法过了。”索性离家出走躲了起来。岳小满这个气呀,打电话把乡下的好几位亲戚约到家。大伙一听这事,也都炸了气管子:“有几个臭钱就这么无法无天?咱别的没有,跟他用家什说话。”亲戚们准备好菜刀、铁管子,还有刨粪的二齿钩子,大家计划,今天恰好下雨,路上人少,天黑后埋伏在那老板的住宅附近,等他一下车,大伙冲上去暴打一顿,看他往后还敢嚣张。

大家正筹划着,岳小满最铁的大哥老胡接到电话也赶了过来。当年,小满的哥哥大满跟老胡一起挖煤,遇上塌方,是哥哥一把推开老胡,他自己却没能逃出来。当时老胡跪在大满灵牌前发过誓,只要他老胡活着,就一定要保护好岳小满。如今小满蒙受这样的奇耻大辱,胡大哥怎么可能袖手旁观?

果然,胡大哥当面细问一遍事情的起因,气得浑身颤抖,大骂无耻流氓!胡大哥逐个看了看亲戚们,说:“大家能为我兄弟两肋插刀,我感激不尽。不过,这忙不用你们帮,我现在要请你们喝酒,表示表示。”去饭店把大家招待得酒足饭饱后,胡大哥冲亲戚们抱抱拳:“人到求人时,才看出谁是近便人。咱们来日方长。”说罢,他掏钱打了两辆车,送乡亲们回家了。

岳小满看得目瞪口呆:好不容易请来帮助出气的,怎么给打发走了?

胡大哥拉着岳小满回到家里,说:“你看到大伙的情绪了吧?我让他们回去,个个喜笑颜开,说明不愿意打架。”

“愿意不愿意,他们可是亲口答应过的。”岳小满悔得直跺脚,“你给弄走了,我这气如何出?”

“我帮你出呀。我是你大哥。”胡大哥拍拍胸脯,“现在有三个方案,你选择定下了咱就办。第一,是强攻。我俩拿着菜刀去堵那恶棍,杀了他,咱弟兄有两条命赔他,大哥我眉头不带皱的;第二,是智取。不用你出面,哥哥我想法子跟那家伙套近乎,骗得他信任后,我下点毒,跟他同归于尽,咱哥俩省一条命。”

岳小满有些犯犹豫了。两命换一命,确实太亏;可让胡大哥一人顶着,自己躲清静,那于心何忍?他语气软了下来:“你不是说还有第三条道吗?”

“第三条,是绝上智取。”胡大哥告诉小满,刚刚出了事,马上报复,那明摆着就是给警方留嫌疑,所以他才把乡下亲戚打发走。他现在在乡下某个煤矿管点事,假如偶尔偷点炸药,天长日久积攒多了,到时候选个时机,把老板和他的房子一块儿炸平……

“老板得罪人多,到那时候,警方也未必怀疑到咱头上。”胡大哥分析。

岳小满点头道:“当然是绝上智取最稳妥。只是我眼下这气愤难平。”

“老话说,君子报仇,十年不晚。你只要天天想着他快了快了,心理不就平衡了?还是那话,如果你实在忍不住,大哥现在就陪你出击。”

岳小满一把搂住胡大哥,放声痛哭:“您真是我的好大哥,到这种时候,还处处替小弟设想。”

哥俩一番密谋,胡大哥回去准备了。

事情过去一个月,岳小满跟妻子离了婚。这样更清静,他一个人,将来把那老板做掉,可谓神不知,鬼不觉。

胡大哥给小满打来了电话:“你别急啊。你不知道,爆炸属于恶性大案,现在警方抓得特别紧,我偷出点炸药费老大事了,一旦被发现,咱目的还没达到,我就先进去了。要命的是便宜了那个流氓……”

“对呀大哥,咱一定要稳妥再稳妥,您要是有个闪失,我更没主心骨了。”岳小满捧着电话泪流满面。

转眼到了八月中秋,胡大哥过来陪小满过节。他告诉小满,事情做得很顺利,现在准备的炸药,足可以送那坏蛋上西天,不过,那要近距离实施,否则把握小了些。

“不能那样。”岳小满宽慰大哥,“君子报仇,十年不晚。这才半年。”

“好。”胡大哥夸奖道,“我兄弟就是与众不同,有战略眼光。哥哥就慢慢准备着,最迟明年这个时候,他家将会是一堆废墟。不过兄弟,哥问你,你当真没跟任何人透露一星半点吗,泄漏一点,哥可就牺牲了。”

“大哥您放心。”岳小满说,“我出卖爹妈,也不可能出卖您呀。此事我一个字没露。”

时间飞快,又是春暖花开。胡大哥不断打电话报喜,说炸药准备得顺风顺水。

这段时间,岳小满的工作从一线调到了管理层,工资也提高了一截。前妻见他的条件好了,委托朋友上门说合,愿意与他重归于好。岳小满才不想搭理她,当初害得他好苦。这时,有同事帮助他介绍了一个女朋友,跟前妻相比,既温柔又贤惠,两人很快坠入爱河。

这天,胡大哥打电话,让岳小满下班后到他家来一趟。小满跟女朋友打了招呼,天黑时,赶到了郊区胡大哥家。胡大哥说:“自从你有了女朋友,咱哥俩难得单独说点体己话了。今天你大嫂带儿子回了娘家,大哥有重要事跟你说。”

胡大哥住平房,他出门从仓房里搬回一个纸箱,墩在地上:“兄弟,大哥不负使命,炸药准备得足了。咱哥俩先吃饱喝足,然后,骑我的自行车去炸那龟孙子家。”大哥抚摸着那箱炸药:“这些药,能让咱城市那座跨江桥也塌掉,何况老板那破厂房。”

“大哥。”岳小满有些顾虑,“现在到处都是监视摄像头,咱带着炸药去,不会被发现吧?”

“我准备了头罩。”胡大哥说,“咱路上尽量低着头,应该看不准确的。”

“可是,万一碰上熟人怎么办?”

“那只能怪运气了。”胡大哥说,“往好、往坏我都一一想过,做什么事,都得有一定代价,反正大哥是豁出去了。”

“万一出点事,嫂子和侄儿怎么办?”岳小满忧心忡忡。

“瞧你,婆婆妈妈。当时那股劲儿哪去了?”

“当时在气头上,谁劝也白费,越劝越来劲。”岳小满说,“大哥,我现在工作舒心,又有了女朋友,对那个女人和流氓的事,忘得差不多了,咱不去扯那个行不? 当然,大哥这份情我得还,只有留得我这人在,才有报恩的可能呀。”

“难道这药我白弄了?”胡大哥从桌上抓过一把刀子。

岳小满双手握住胡大哥攥刀的手:“大哥,真的算了吧。此情我永志不忘。”他以为胡大哥马上要走极端。

“那也不能白费了我一番心思。”胡大哥让小满松开手,他几刀子把纸箱子划开,岳小满一下子愣住了:哪有炸药啊,纸箱里全是啤酒和熟食!

“兄弟,实话告诉你吧,当初你哥救我,不是像我事后说的那样,事实是顶木落下来,先砸在他头上,然后弹到了我背上,由于他的缓冲,我才捡了一命。你那事就好比那截顶木,刚落下时势不可挡,于是我就用凑炸药的方法让它缓冲,一点点消磨你的火气。”

岳小满这才想起后怕。当初若是让乡下亲戚一齐去揍那老板一顿,万一大发了,会牵连多少人进去?他又一次抱住胡大哥:“您这一缓冲,救了三个家呀。我和我女朋友这辈子感谢您。”

“这话对了。”胡大哥坏笑道,“你那女朋友,是我让你大嫂替你物色的,不过,我始终没亮相,只在幕后操纵而已。现在明白了吧?打架是男人的专利,但打架是最愚蠢最无能的表现。来,把这些酒菜消灭掉,祝贺咱弟兄俩躲避掉了一场灾难。”

“大哥,您咋待我这么好呢?”

“屁话。”胡大哥瞪小满一眼,“我是你大哥!”

天上掉下一笔财

星期一,盛大中得知当年栽的树被人偷了不少,从乡下憋着一肚子气回单位上班,发现同一办公室的黎娟已经到了。因为两个人都是独身,盛大中特别注意影响,两人平时客气的都有些过火。可今天,黎娟并不与他打招呼,只一个劲地筋着鼻子说:“办公室一股饭味儿!”盛大中本来心情不好,就顶了一句:“我上上礼拜去乡下两天,你鼻子也太好使了吧。”黎娟见短了理,把手一伸:“你介绍对象的那照片咋还不还我,你想干什么?”盛大中的火一下子就窜到了脑门子上,不是饭味儿,就是照片,你找病是怎么着?当初是黎娟缠着盛大中给她的侄女介绍对象,照片也是她主动给的,如今那两人没看成,黎娟讨回照片,也是正常,可上周五才磨叽过一番,他还没来得及找那男方呢,今天又催,还说些嘴外的,难道我是负责给你讨照片的吗?两个人你一句我一句吵了起来。此时,同事贾大姐进来,被黎娟一把拉住:“君子不和牛赌气,走,你陪我去商场。”办公室剩下盛大中一人独自喘粗气,突然,盛大中眼睛一亮,就在黎娟刚才站立的脚下,有一枚亮闪闪的钻戒!这钻戒盛大中再熟悉不过,黎娟的,戴在那蜡雕似的手指上,没少当他面炫耀过,这回我让你嘚瑟!

盛大中的心“突突”的狂跳不止,这可是天上掉下一笔财。黎娟呀黎娟,平时不行善,出门大风灌,若换了别人,我盛大中会立即趴窗上喊你回来,免得你着急;然而,你黎娟是个例外。盛大中捡起钻戒,往抽屉里一塞,假如她咬不准是在哪儿丢的,那他盛大中就损一回,这黎娟刚才的确是伤透了老盛的心。

整个文化馆30名职工,人人都有背景,全捧铁饭碗,唯独盛大中是凭发表作品出了名,破格从农村招聘到馆里搞创作的,是个合同工。即使这样,盛大中也无限满足,决心干出点成绩来,让大家刮目相看。没想到事业刚刚有点起色,他妻子脑袋长了一个瘤,折腾了好几年,老婆没救过来,准备买房子的钱也全花光了。没办法,他只好带女儿暂住办公室。为省钱,偶尔用电饭锅做顿早饭,还怕领导发现了制止,跟做贼似的。都道人善有人欺,他睡办公桌,这黎娟一个人近百平方米采暖楼住着,又倚仗腰包鼓,居然瞎说室内有饭味儿,这不是挤对人嘛?

不大一会儿,黎娟和贾大姐回来了。盛大中假装低头写作,心里终究是不得劲儿。只听得贾大姐问黎娟:“你想清楚了吗,不会是落在家里?”

“怎么会。我清楚记得进商场时还有,这小偷就该枪毙。那还是我姑妈回国看我时亲自帮我挑选的,白瞎了。”黎娟说着,从抽屉里翻出一张票子,“贾姐,你看,我鉴定卡、发票都还留着呢,两万多块。去它的。”她把那票据一揉,扔纸篓里,又楼上楼下一通诉说,好像她丢了戒指有功劳。说够了,招呼也不打,径自回了家。

坐在桌前,盛大中一个字也写不下去,此刻他进退两难。就算与黎娟吵了几句嘴,但那么贵重的物品,怎么可以昧下?黎娟回家不定怎么心疼呢。他刚才失去了交还钻戒的机会,如果事后再拿出那来,同事们会怎么看?他本来就低人一头。

这时候,贾大姐风尘仆仆地回来,她早就跟黎娟明和暗不和,一进门就幸灾乐祸地说:“人欢没好事,狗欢抢屎吃。你说你大中多老实,来馆里好几年了,跟哪个红过脸,她居然跟你吵架,不就是有俩钱烧的嘛。丢钻戒活该,那小偷是替天行道。”盛大中哼哈地答应,心里有话要问贾大姐呢。贾大姐讲完了黎娟,口气一转:“大中哎,不好意思,那钱,你姐夫没跟我商量,竟给存定期了!”

盛大中一下子如同掉进了冰窟窿!

盛大中的女儿中考差3分不够入重点,面前两条路:如果去重点高中,对不起,分数不够,得掏赞助费一万五;没钱,那就得读普通高中,不用花钱。可听说那学校管理稍差,男生女孩早恋成风。女儿天资聪颖,都是她妈这几年生病给拖了成绩,盛大中就想咬咬牙,帮女儿圆重点的梦。可是一万五对于他来说,是巨款。老婆生病时,有限的几家亲戚都借遍了,三天前,他在办公室好不容易开了口:“贾大姐,我女儿差一万五……”贾大姐头一昂,挑衅似地瞟了黎娟一眼:“小菜一碟。大后天中午,我给你捎了来。”盛大中当时眼泪都快下来了,多好的同事啊,他此前暗中还嫌人家俗气……他给人下跪的冲动都有。没想到,今天下午是最后期限,答应得妥妥的事,到捏脖子的关键时刻,变了卦!

这贾大姐最是势利眼,当初答应借钱,是因为与黎娟顶牛,拉盛大中争取人气;如今见盛大中与黎娟吵起来,她才不当那大头呢,借给盛大中钱,他哪辈子还得上?

盛大中怪不得贾大姐,都怪自己穷。他急忙打电话,向朋友借。朋友们这个说,你早吭声啊,现在我如何如何……千篇一律是没钱。盛大中一咬牙,他把黎娟的钻戒锁到他的卷柜里:都是黎娟你一大早鄙视我,这次我对不起了。盛大中盘算,先让女儿去普通高中委屈一段吧,嘿,纸篓里还有发票和质检卡……最近,金子钻石不停地涨价,过些日子,他正要到南方开笔会,托那边的朋友处理掉,女儿学费不就有了?那替天行道的小偷就是他盛大中。

中午,女儿放学到办公室吃饭,盛大中破例带她去了饭店,对孩子说:

“丫头,爸将有笔稿费,可得过一段时间才能到手,借不着学费,你先去普通高中学着,最多俩月,爸爸无论如何也把你转到重点高中。”女儿如花的笑脸一下子暗了下来,但很快又平静地说:“爸,普通高中也是人念的,别人能去,我怎么就不能?”

盛大中心如刀绞:人穷了,这哪叫人呢?

中午一顿饭,全堵在盛大中的胃里,鼓鼓囊囊地难受。世上非法占有他人财物的人多着呢,可不应当包括他盛大中。君子固穷,他还写小说剧本教育读者呢,分明是虚伪的愚弄!但一想到黎娟清早那副嘴脸,盛大中又有了一种报复的快感。总之,这钻戒把他折腾苦了!

一直挨到16点,懒散的同事陆续开溜,贾大姐更是早就没了影。这时候,黎娟突然来了,并不与他打招呼,就那么尴尬地枯坐着。盛大中一下午的心理防线顿时崩溃了:那么贵重的戒指,她能不心疼吗?自己这……女儿学费不能用这脏钱来交。他用尽力气,把钥匙扔给黎娟:“你帮我打开那卷柜……对,上层,邮票本下面……”

出现在黎娟面前的是那枚亮闪闪的钻戒。黎娟抓在手中,又贴在心窝处,好久,说了声:“谢谢。”转身走了。

盛大中就像卸下了千斤重担,他的心头一下子亮堂了,不这样,以后见了黎娟,内疚的折磨他如何能承受得了……

晚上,女儿嘴里哼着歌儿,欢蹦乱跳地跑上楼,手里捏着一块巧克力,硬往盛大中嘴里塞:“爸呀,黎娟阿姨下午帮我交了学费。她说跟你讲好了,等你剧本稿费来了再还她。”

啊?盛大中呆了,那剧本他只不过随便那么一说,不定哪天下笔呢。这个黎娟,她……多亏良心发现,真要是昧下那钻戒,他盛大中还有脸活着吗?

此后,盛大中一头拱进了创作中,他得写出剧本,还人家黎娟的钱,更重要的是黎娟都记住他要写剧本,拿不出来,没面子呀。他把黎娟的举动加入剧情中，整个故事有了灵魂，剧本很快脱了稿，一下子就被长影看中并签了约，盛大中为本市写出了第一部电影，当年获得市、县两级政府的奖励！

这天晚上，盛大中鼓足勇气请黎娟吃饭。他拿出两扎钱："小黎，多出来的是利息，我盛大中愧对你呀。"

黎娟叹了口气："盛老师，该愧的是我呀。"

黎娟早就看出盛大中的窘状，真想帮他一把。然而，贾大姐慷慨答应借钱。根据她对贾大姐的了解，她感觉不踏实，就想了办法，故意把钻戒丢在地上，又设计了那场争吵激怒大中，等贾大姐一进门，她就拽着她去了商场，一切都是为盛大中心安理得地占有钻戒做的铺垫。黎娟并没回家，她是躲在单位对过的美发室内，验证一下贾大姐的为人，果然不幸被她料到了……

"我回家左想右想，终是怀疑你未必能把那钻戒卖掉。我也是忍痛赌一次，既盼你卖掉它，又不希望看到那结果，你说我那不是有病吗？万幸的是我没看错，盛老师真让我高山仰止啊。"

盛大中的脸腾地红了："小黎，我对恩人不敢讲假话。我归还你钻戒，是经受了斗争，我差点就是小人，你别把我看得太那个了，小黎。"

黎娟端起酒杯，仰脖全倒了下去："小黎，小黎，这里有单位的人吗？白瞎你个文人，就不会换个称呼！"

玩点小心计

六七年前,戴宏伟参加手机修理培训班。学艺期满,他以优异成绩毕业出徒,在省城北部开了家小型手机修理处,生意马马虎虎,却也对付着养家糊口。这天傍晚,戴宏伟正一个人瞅着窗外的行人发呆。突然一骑破单车"格楞"响着来到他门前停住,车上下来一个人,嘿,是他学修理手机时的同学常又军。自从毕业后,他们没再联系过,今天他怎么突然找上门来了?

两人好一通寒暄后,戴宏伟这才知道,常又军最近在城南一家超市当保安,看那身行头,就知道混得大不如他。同情之余,老戴心里隐约升起一丝优越感。这时,常又军掏出一款手机,说这是他朋友的,知道他学过手艺,便拿去找老常看。"可是,我这两把刷子你还不知道吗,根本看不了。这不,拿来求名师指点。"

戴宏伟接过手机,就知道这毛病挺费事的,他迅速诊断,当场操作。常又军在一旁竖着拇指,直劲夸他技术过硬,夸得老戴心情无比舒畅,没用一个小时,就给修理好了。常又军说是朋友的活儿,一定要付款。戴宏伟推辞不过,50元钱的活儿,只收了20元。感动得老常不住声地道谢,说了一堆今后少不了麻烦的客套话。因为急着赶回去上夜班,他连饭也没在这边吃,就骑上车子回了城南。

望着常又军远去的身影,戴宏伟苦笑着摇摇头。这个常又军真是他有生以来很少遇到的笨人，就跟有多动症似的，上课时不知道他想些什么，左耳听了右耳冒，记住了今天的，又忘掉了昨天的，若不是师傅看在学费的面子上，早赶他走了。实习时，哪位助理教师都不愿意带他。怎么样？交完学费搭上工夫，毕业后还得转行当保安，瞧他这脑袋！不过，今晚上听着老同学的恭维又额外赚到20元钱，着实是件划算的事儿，假如天天这样，他戴宏伟每月会多收入600元呢。

要不说戴宏伟运气还不算差呢，这念头闪过没过两天，常又军和他那辆破车子又光临了。这次他带了3个手机过来，边讨好边摇头："真是烧香引得鬼进门，推不掉呀，谁让大家都知道我有位高才生同学呢。我想，反正这个时间段我没事，只当替老同学揽活儿啦……一提同学，我这脸都没地方搁，瞧我是怎么学的。"

望着老同学那讪讪的表情，戴宏伟强忍住笑，嘴里扯些闲篇缓冲尴尬气氛，很快把3个手机全修好了。心里想，修理这活儿，只搭时间不费材料，就算用着替换零件，也是机主付费，他老戴可以再赚一份儿，何乐而不为？不妨给他点甜头，鼓励他今后多揽活儿。100元的活儿，戴宏伟说成120，只收了60元。最后，戴宏伟说："今后就这么定了，凡是老同学朋友的活儿，我一律五折优惠。"

打那以后，那常又军每隔一两天就送手机来修。戴宏伟恍然大悟，这小子哪来这么多坏手机的朋友呢？八成是他的虚荣心作怪，四处炫耀他会修手机，破车揽载，接到手又处理不了，只能往这边推。管他，其实这修理手机差不多等于是个无本生意，假如有十个八个常又军，他戴宏伟还发财了呢。

因了这修手机的关系，戴宏伟和常又军走得一天比一天近便。随着生活质量的提高，常又军把他的破单车换成机动的，最后开上了轿车，终于，拿手机来修的次数渐渐少了。戴宏伟纳闷，没听说这老同学的父母是有钱人呀，他一个保安，哪来的这么多钱，莫不是买彩票中了大奖吧？

戴宏伟几年来也攒下了些钱,可买房按揭还没偿还完呢,何谈买车?零碎账怕积累算,回头一想,老同学这些年帮他揽到手的活,两三万足有了吧。想到人家的好处,他就打了电话,约请老常过来叙叙旧,顺便探探他是怎么发的财:“我要请你喝酒,你打车过来吧,车费算我的。”

找了一家不错的酒店坐下,常又军却抢着率先敬酒:“这顿饭,算我请你的。实不相瞒,兄弟我并不是在超市当保安,我干的也是手机修理呀。”

什么?戴宏伟如梦方醒,怪不得老常拿来的手机,都是比较难修的,原来简单的都让他先修理了,留下些处理不了的,才往他这边推!

“我脑子笨。可人再笨,也总要吃饭吧。”常又军叹了口气,说:“所以我就玩了点小心计,在不伤害朋友利益的前提下,借高手的能力,维持我的门面。”

常又军毕业后,就在当地的农贸市场入口内侧,租了个微型修理间。来修手机的多为小毛病,老常自然能应付过去。遇到疑难杂症,他就问人家急不急,如不急,夜里拿回去认真看看行不行?这一招十有八九得到了客户的信任,都感觉他是认真负责呢。于是,常又军留下对方电话……他所在的市场关门早,他趁这时机骑车外出找高手。第二天,赚了费用又不误事,这一招给人的印象是热情负责,倒使他的生意一天好似一天。

“你这老伙计,当初就算照实说,我还能吃掉你不成?还拿什么保安……”戴宏伟有被戏弄的感觉。

“同行是冤家,我不是担心遭到拿捏、戒备嘛。”常又军歉疚地说,“再说,就算你老戴不介意,又怎么能保证别人不介意。”

别人?是啥意思……

常又军告诉老同学,他在城区各方位共有十几位这样的“幕后专家”,每当揽下疑难活儿,他就根据对方不同的作息情况分散求援,这样做,为的是不引起猜忌。他在等候修理的同时,或多或少也学到了一些技巧。

“要知道我是同行,你们不一定会把技巧向我敞开那么多。”常又军感慨地说。

“你这小子蔫巴坏呀。”戴宏伟真是啼笑皆非,“边揽活边偷艺,合得着让你两头赚。”老戴一想,吓出一头汗,常又军承认像他老戴这样的点有十几处,这么说,他老戴凭手艺、搭零件才赚了两三万,而人家老常玩空手道,就赚去了有几十万吧,到底哪个是笨蛋呀?

喝干一杯酒,常又军哈哈大笑:“玩点小心计啦,没伤害朋友吧?不过,我学到的技巧却没什么用处,因为我决定不干这一行了。”

戴宏伟这才知道,人家常又军这几年赚大发了,不但开了手机专卖,并且申请创办了一所手机修理培训学校。

“我聘请了最好的修理师傅当老师,其中就有当年的教师助理。别看我技术不行,可专家们个个见到我,都规规矩矩。老戴,如果感兴趣,欢迎你到那边,你至少是主讲老师。”

戴宏伟憋屈死了,他才不想去伺候面前这位狡猾的“笨蛋”呢。

又过去一段时间,戴宏伟终于拼搏出了一处规模像样的店铺。开张那天,许多朋友到场祝贺,有位业内老同行向老戴建议:“咱们市区南部有位常董、常校长,本名常又军,你想把事业做大,最好跟他接近,那才是咱这行的佼佼者。想结识他,哪天摆一桌,凭我这张老脸,他不好意思不给面子。”

戴宏伟一口菜噎住,好半天没缓过劲儿来!

身体没啥事

两年前，表弟开始打电话向我诉苦，说他爸年纪大了，有些病态，主要是狂想症。我听了很不高兴，儿女小时候不病态吗？老人能任劳任怨把儿女拉扯大，为什么儿女就不能容忍老人有点病态了呢？再说，他老爸，也就是我二舅还是个知识分子呢，新中国成立前一年就当老师，证件上写的是离休呢。尽管不高兴可我没说什么，毕竟各过各的日子。最近，表弟又来电话："哥，您能不能来一趟？老爷子这回卧床不起，叨叨了好几回，说临死不见你一面，闭不上眼……"我大吃一惊，匆匆忙忙赶往邻省那个小城。

二舅见到我，神情一下子好多了。他拽住我的手不肯放开，要我表态："小夏子，你掏心窝子话告诉二舅，我比你差吗？"

我忙说，二舅干了一辈子革命，我哪儿比得上呀。

二舅纠正，我不论革命啥的，咱论写作，我比你差吗？

小时候知道二舅在当地学校是有名的"活字典"，可毕竟只是在一所学校里，怎么可能跟我这个发表上千万文字的相比？但我可不敢惹老人家伤心，我说："二舅，我只不过是运气好点。还是您老人家功底深，生活厚。"

"说的是。"二舅挣扎着起床，拿过一个纸箱子，里面全是他的手稿："好几箱呢，你看看，我写这么多，句句是实话，怎么就不能发表？这社会算是完了，当编辑的腐败，全搞乌虾稀。"

我忙说是的是的。

“你给评一下,够不够发表水平?”二舅眼里流露出那种企盼的光。我想起了小时候,邻居闺女头上扎了个蝴蝶结,妹妹当时就这眼神儿。

我赶紧接过二舅的手稿,封面四个字:鲁快七律。“鲁快”是二舅的笔名。这是第43册了,第一首题目是《2008年4月1日》,诗云:

早上电话问老袁,您的生日怎样办?

近几天来真难受,今天还要去医院。

中午我又去城建,办理房子把表填。

小四电话请吃饭,我正办事没时间。

我的天,这叫什么诗,还七律?往下翻了几首,全这味儿!这时,二舅怕我不理解,一句句给我解释,又批评我:“句句是实话对不对?你发表的作品,我看过一些,言之无物。文艺为什么人服务?首先是人民大众喜欢,我们那些老干部都说好,怎么就不给发表?”

我忙说好好好,等我给推荐。

二舅笑了:“你小子无缘无故不可能那么红,我早知道你有门路。”老人家不躺了,晚上吃饭,还陪我喝了一小盅酒,谁劝也不中。他说近年来,努力写诗,一天有时候三五首,陆游写出一万首算什么,他可以写两万首!

表弟悄悄跟我说:“哥呀,我本来想请您来给他降降温,您不该鼓励他的,整天要出书,这可咋办?”

我说:“你们不能把个恶人让我做呀。假如能让老人家高兴,走的那天别留遗憾,儿女花点钱不为过吧?这样好不好,省城我认得书贩子,花点钱,给二舅出一本吧。我和你姐弟四个均摊费用,一家三千块差不多,给出厚一点儿,少印。”

书稿带回省城,表弟的电话更频了,说是老爷子天天催书呢。我问,二舅身体咋样?表弟说,身体没啥事,光这脑子还不够受吗?

我批评道："别这么说。让老人高兴，就是儿女孝顺的表现。"

很快，我就张罗把二舅的书印了出来 。封面设计，内文编排，我找徒孙们做的，那是相当讲究。我出将近三千块，只留下一本作纪念，好歹有二舅的照片不是。剩下的全让表弟拉走了。

打那以后，表弟还是电话诉苦。说老爷子拿到书后，逼着他们找新华书店。新华书店能容纳这种书吗？没办法，他们只好挖空心思把书转移、强行送人，就说卖了，垫上钱给老爷子。二舅天天折腾他那些书，有一回吵着说少了一捆，咬定是表弟给偷卖了。"哥呀，瞧您这主意出的。我老婆，咱妹夫，都一肚子不高兴。"

我说："就这样吧。老人家身体如何？"

"身体没啥事，就是……"

我对着电话吼了一声："打住，别跟我说脑子的事！二舅快乐地活着，比什么都重要。老人家如果再有需求，我仍然责无旁贷，决不推脱。"三千块钱是我从稿费里瞒下的，我老伴根本不知道。

两年转瞬过去，二舅身体比从前更好了。怎么样，本人的主意不错吧，这心理安慰，什么灵丹妙药都比不上。主动跟表弟通电话，问老人家最近忙什么。表弟说："老爷子最近又有些蔫，说是想你啦。"

想我了好办，我去。只当体验生活嘛，我也是退休的人啦。

二舅还是红光满面，我知道是我的功劳。老人家伸出一个手指头点着我："小夏子，你这浑小子。既然有门路，为啥不早告诉我，差点把你二舅憋死知道不？"

没想到我无功倒有了过。我慌不择词："二舅，我不知道您那么有水平，所以……"

这一句奉承，总算把自己解脱出来。二舅笑了，我也长出一口气，难怪都说"老小孩"呀。只要您老人家高兴，我破点财，受点冤，都值，孝敬老人嘛。

二舅点点头："实话。看来你共产党员没白当。小夏子，你说二舅这一生传奇不？"

二舅17岁就参加工作当老师，当过校长，打过右派，上午正教书，下午被勒令放猪……我说："二舅，太传奇了。"

"你现在就起誓，你不是在说谎。"

我马上正襟危坐，举手起誓，二舅的经历确实是传奇。

"那好。"二舅哈哈大笑，把一个纸包拍在床上，那是表弟给他"卖"书的全部收入，"我可有盼头了。二舅这些日子睡不着，把自己的经历回忆了一遍，足够编50集电视剧的，我明年就写完它。小夏子，这些钱全给你，你找人给拍了。再不够，我存折还有两万。"

我一下子忘记了我是不是还在呼吸。二舅，您老人家离休快30年，光忙着写什么七律，怎么就一点也不关心生活？这点钱别说拍戏，连个广告都不够。

我脑袋"嗡嗡"响，只听他老人家豪情满怀："我身体没啥事……"

巧避匪患

旧社会,官府腐败,治安无能,关东山到处是拉杆子占山头的胡子(土匪),这些人都是心狠手辣的茬儿,撞上他们,不死必破财。至于什么“替天行道”和“杀富济贫”,都是骗人的幌子和抢劫的遮羞布,只因富人油水大,抢一顶百,他们当然要光顾啦,他们冒着风险抢来的财产,又怎么会拿出去“济贫”? 为了防匪患,有钱有势力的人家便修起高墙大院,筑起炮楼,出钱雇了炮手专门看家护院,这样,一般的小股胡子就不敢轻易冒犯有炮手的人家,改为盯上中小财主啦。

临江县城里有这么家小财主,姓吴。吴老当家的刚刚作了古,家政就扔给遗孀吴老太太料理。说是老太太,其实她年龄刚过30岁,小妾出身,大太太死后,才扶为正室。吴老夫妻留下3个儿子,老大老二已娶妻生子,年纪和庶母相仿,哪里把这位“母亲”放在眼里? 怎奈老爷子临终前有嘱咐:“你们哥仨那点本事,管不了这个家的,如果我死后有谁不听你姨娘的,我做鬼也决不饶他!”兄弟们只好忍气吞声,巴不得看她管出点毛病,出乖露丑才好。眼见有势力的人家都修炮楼雇炮手,兄弟仨商量商量,就来上房见老太太:“再不想办法,早晚怕胡子来找事儿。”

吴老太太道:“炮楼修了,反而惹祸。想这方圆百里,胡子虽多,可城里这块地盘,让‘钢牙’那伙给包下了。他势力大,50多条枪,咱即使修得起炮楼,雇得起炮手,跟那些富户比也还是软柿子,他打不着食儿,还不得冲咱们来?动起家伙来,就算伤他仨俩喽啰,惹红了眼,拼个鱼死网破,吃亏的还不是咱们呀?我既当了这个家,首要的是保护家属,又怎么能给你们惹祸招灾呢?"

"那照你这么说,咱家就得伸脖子等着人家来宰了?"

"各人该忙什么,就忙什么去吧。这管家理财的事,我自有章程。"吴老太太眼皮一耷拉,拿起了大烟袋。三兄弟讨了个没意思,讪讪地退出,议论道:"她一个妇道人家,有什么见识,莫不是要坑咱们跟她受灾?大家盯住了她,别遇上事,让她拐了财物逃掉。"

再说吴老太太,她早将胡子头儿钢牙的习性打听得一清二楚。琢磨透了,她把家中一个靠得住的小伙计何三找来:"三儿呀,我待你怎么样啊?"
"老太太怎么说这话,是不是三儿有哪些地方做错了?您老人家待我天高地厚,我这条命都是老太太您给的呢。"

"那好,你替我当半年胡子,就去投钢牙那山头。"

"这……"何三为难了:他在吴家,吃穿不愁,凭什么去当那千人恨万人骂的土匪?再者,那地方去不好要脑袋搬家,死都死不出个痛快来。
"你替我去,老太太亏待不了你就是。警察局那边我已给你关照好了,犯不了事;入伙的关节也都打通,你只要想法子把钢牙那胡子头的出身探听清楚,再记准他身上有什么跟旁人不同的记号,不要刀疤,只记胎记和痦子什么的。"

何三机灵无比,登时明白了主人的意图,收拾收拾,进山入伙去啦。七天后,捎下信儿来,钢牙收留了他。

吴老太太自从老爷子死后,心里最怕的就是匪患。她深知兵匪一家的现实,靠警察、宪兵根本顶不了事,就千方百计打听那匪首钢牙的出身,想出了一套主意。怕不稳妥,才又派何三混进胡子窝里核实一下。

过了一个月,何三再次捎来信,所说钢牙的情况基本跟老太太掌握的差不多,又把钢牙身上的记号详细说了。

这年八月十五,何三传来信息,钢牙亲自带喽罗进城,很有可能顺手牵羊,到吴家抢掠一番,因为他已与官方打好招呼,土匪这晚上遇不到警察。

吴老太太把全家30多口人召到一起:“今儿团圆节,钢牙可能光顾咱吴家,哪个也不得惊慌,只看我的眼色行事。”一家人围在大厅里喝酒,其实不过应付而已,哪个还喝得下去?

果然,夜里11点钟,没听到脚步声,却有人砸门。吴老太太说了声:“来啦。”使眼色让管家老蔡头开门去,并再三叮嘱,不要害怕,只管放他们进来。

老蔡头是吴家最经多见广的仆人,他开了门,胡子们蜂拥而入。老头子按主母吩咐,高声嚷嚷道:“江湖朋友,也不能这样无理呀……”这时,只听吴老太太一声脆喝:“哪个兔崽子吃下虎胆熊心,敢闯老娘的宅府!”人随声到,月光下,众胡子就见一位模样俏丽的妇女气昂昂地迎上来,不由地一呆。吴老太太也于月光下见众胡子簇拥着一个面目清秀的年轻人,心知必是钢牙无疑,未待对方发作,先自“哎呀”了一声:“你不是俺兄弟小栓子吗,姐姐以为今生见不到了,怎么你流落到绿林行里来啦,可想死姐姐了!”

钢牙也是一愣。原来他乳名就叫小栓子,原本是山沟里生人,赶上闹匪患,爹娘被杀,姐姐也不知去向。小栓子只好流浪街头,边乞讨边打听姐姐下落。姐姐音信杳无,为了吃饭,他也就当了土匪,后来熬成了山大王。先见吴老太太怒气冲冲骂将出来,暗自有些佩服:“这娘们儿倒有几分勇气。”又听说是他姐姐,心里话:“有这么个姐姐才不污了我的名声。”然而心里一再告诫自己,当心,别让她骗了,就冷着脸不作声。吴老太太心中有数,假装问“弟弟”:“你家掌柜的是哪位,姐姐出钱求他老人家赏咱们个团聚吧。”说着,搂住钢牙就放声大哭,哭得情真意切。

土匪们每闯民宅,面对的都是磕头求饶的主儿,哪见过吴老太太这样大胆的女人？待到她哭着喊钢牙为“小弟”，钢牙就有些心动：她原来不知我是谁，备不住真是我失散的姐姐，就说：“你真是我姐姐吗？那好，我进去看看家。”说着要往里进。

“慢。”吴老太太伸手拦住，“看模样像我兄弟，可我还不能冒失认下，这么多年的事儿啦。你先把衣裳撩开，让我瞅瞅你左胳肢窝下。”冲在一边发抖的管家吩咐：“你拿灯盏来。我家小栓左胳肢窝那块有个朱砂色的猫爪子胎记……”话未说完，钢牙就失声叫道：“姐，您真是俺的姐，您看……”

其实吴老太太所派去的何三，聪明伶俐，比起山上的喽啰们，那肯定更讨钢牙的欢心，这就得到了给钢牙洗澡的机会。何三看到这块胎记，表面不动声色，暗地里却告诉了吴老太太。钢牙如何知道这些，只以为真是亲姐姐呢。这边吴老太听钢牙认她作姐啦，她欲擒故纵，仍然装作不信的样子：“我得验看了再说。”管家取了罩子灯来，钢牙乖乖地撸开衣裳让她看。吴老太太却不急于相认，看得极细，良久，才说：“果然是小栓子。快把衣裳穿好，夜里风凉。”又问众匪徒：“咱们的掌柜的是哪位，卖个人情，让俺姐弟俩热乎热乎。”

喽啰们没有钢牙的吩咐，哪个敢随便吭声？钢牙把手往后一挥：“我先看看去，都在这儿守着。”搀了“姐姐”，径去大厅。一家饮酒的早吓得人影皆无，各自回房中哆嗦去了。吴老太太拉过两把太师椅，让钢牙坐在她身边，左瞅右看，欢喜得闭不上嘴，说了好多体己话，又道：“你看，孩儿们还没见过舅舅呢。”便高声向屋里喊三个儿子的小名：“你们都出来给舅舅磕头！”

钢牙这回可真的进入了舅舅的角色，他朝外面喊了声：“把今儿发的利市（抢掠的财物）全留下，给外甥们作见面礼。”又道：“姐，我久在这儿于你不利，改日再来看你呗。”一拱手，领胡子们悄然撤去。吴老太太假装吃惊：“兄弟，你在山里还管点事儿呀？”钢牙只是笑笑。

一场惊吓，就让吴老太太轻易化解。三个儿子、两个儿媳都吓得屎尿屙在裤子里。吴老太太看了他们的狼狈相,淡淡地说:“怪不得爹说你们不立事,真是知子莫如父呀。”

打那以后,钢牙时常轻装简从,入城来看“姐姐”,每次都留下很丰厚的礼物。吴老太太除了嘱咐“兄弟”小心之外,事后吩咐管家,礼物登记封存,不得乱动。儿子、儿媳不解:“他给的,又不是咱们要的,收下碍什么事啦?”

吴老太太严肃地说:“我为全家老少免灾,不得不认匪为弟,真是人生之大羞。但你们听着:做人不得贪财,尤其是不义之财。哪个贪财好利,男则容易为盗,女则容易为娼。”说得晚辈们心服口服。

这年春节,吴家老大领头,率全家给吴老太太拜寿,不但磕了头,还实心实意地喊了“娘”。

转眼又是一年冬天,关东胡子又活跃起来。钢牙再次率喽啰们进城抢掠,想给姐姐留下点钱财,却见院子冷冷落落,只老管家一人守望。说是老太太已领着全家搬走,光留下一封信给钢牙,信中劝他见好就收,不要在匪行里陷得太深,所赠财物,分文不取,请钢牙验收,“姐姐只缺个安分守己的弟弟。”

钢牙叹了口气:“姐姐准是嫌我坏了她的名声,才避我而去。我今后只能在心里求老天爷保佑她就是了。”在吴家空院里呆立了好半天。

然而钢牙毕竟匪性难改,并没听吴老太太的话。到底落在了警察手里。临枪决前,问他有什么话留下,他还说:“这辈子顶伤心的是,没跟姐姐最后道个别……”

老家贼斗小家雀

一、跟小家雀叫板

老花痴姜介林最近遇上了一桩大伤脑筋的事，他的宝贝闺女雅凤恋爱了。女大当嫁，有了男朋友，当爹的应当高兴才是，然而，天底下的男人多了去，考虑哪个不成，这丫头偏偏看上他死对头赵老妖的孙子赵明亮。二十年前，姜介林还当着工人呢，为分房子的事跟同事赵老妖结了仇，至今俩人在大道上遇见，相互扭头绕开走，如今他不但要把闺女嫁到人家，自己还比赵老妖矮了一辈，那滋味真是王八掉进灶坑里——憋（鳖）气又窝火！

老姜把雅凤叫到跟前：“丫头，你爸不惑之年才生了你，期间多少辛苦你晓得吗？没想到你在婚姻大事上给我跳了一步高吊马，让我无法出门啦。咱丑话说在前面，婚事你完全可以自作主张，但爸不同意。”

雅凤说：“我知道你跟他爷爷有过不愉快，可那事过去多少年了，多大点事，能比得上日本人侵略中国仇恨大吗，中日都友好了呢。爸，您大度些，再说，我俩也就初级阶段，成不成，两说着呢。”

这一句让老姜头更是心里酸得不行，听听，都“我俩”了！老头子气得扔下一句“你酌量着办！”摔门出去，到花窖子看他的花去了。

姜介林退休后不爱跳舞，讨厌打麻将，却喜欢种花。他在自家的平房前搭了个花窖,种出好多花卉,拿到市场上出售,既陶冶情操,又可以赚钱滋润生活。由于他没事就像长在了花窖里,老伴便给他起了个“老花痴”的雅号。昨天跟女儿闹得不愉快,他吃完早饭,便站在花窖里发呆。

这时候,花窖的门悄悄开了,咳嗽一声,一位人模人样的后生出现在门口。谁?就是惦记他宝贝闺女的赵明亮。“姜爷……姜伯伯好!”

听听,这小子叫惯了姜爷爷,这回擅自改称伯伯了。见孩子一脸谄媚讨好的样子,姜介林伸手不打笑面人啊,只好拿鼻子哼了一声:“有事啊?”

“伯伯,我跟您老人家商量……不,是汇报。”看着赵明亮字斟句酌的样子,老姜有些心软,但他立刻叮嘱自己,要提防糖衣炮弹。于是,脸依然绷着:“说!”

“伯伯,我跟雅凤志趣相投……”

“志趣相投找她去呀,跑我这儿汇报干什么?”姜介林冷笑道,“莫非你跟我也要志趣相投?那好,看见我这一窖花了吗,你照样子弄一个我看看。”

老姜以为这一句还不把对方镇住?没想到这小子胆比天大:“伯伯,您这花长得挺旺盛,可是品种差了点。有道是,在哪行,看哪行,要发展地看问题……”

话没说完,就让老姜头给堵了回去:“是骡子是马,得拉出来遛遛不是?想打我闺女的主意,至少得先跟我这老丈人有共同语言吧?你弄出我这样的花,就算及格。”

赵明亮哼哧了半天:“好,伯伯,这话可是您说的。”

“怎么,你想要我立据为证吗?”

“晚辈不敢。”赵明亮深深一躬,“请允许我先试试再说。”

二、反不了你

不用说,这闺女大了,胳膊肘往外拐,跑不掉是雅凤把信息传递过去了,不然,赵明亮怎么会找上门来求婚?不过,这一仗胜得出乎意料,小子中了老汉的圈套。你想啊,他老姜是谁?这一片社区的老花神。小子既然说了试试,那么他如果试不成,只能蔫退。姜介林回到家,对老伴,更是说给闺女听的:“哼,想跟我过招呢,姜,还是老的辣。这一仗,小兔崽子不投降,就叫他灭亡。”

打那以后,姜老汉冷眼观看,雅凤该工作工作,该回家回家,闭口不谈“赵明亮”仨字,那姓赵的更是没了踪影。姜介林好不得意,哼,小家雀还想斗老家贼?我吃过的盐比你吃过的米都多!

哪知道过了俩月,赵明亮居然再次找上门来,纸箱子里拿出一盆生机盎然的花:“伯伯,您看,我这花的品种比您的要优秀……”

老花痴偷眼一看,心里不禁哆嗦了一下。这盆花粗看,跟他老姜培养的“螃蟹爪子”酷似,但不得不承认,人家的花长相高贵,盆也讲究,这所谓好马配好鞍呀。但他老姜是谁,再花痴,在大是大非面前绝不含糊,他假装不正眼去瞧那花,嘴里淡淡地说:“你去哪儿买的?”

“伯伯,怎么会是买的呢?”赵明亮哪壶不开提哪壶:“咱爷俩不是有约在先嘛,这是我去南方引进后,自己培育的。花窖里多的是,送一盆来,请您给点评点评。”

“我没空。”老花痴强制着自己,那花已看过一眼了,再多瞅一眼,就是输了品格,“你自己给它打打分吧。”

“伯伯,论经验,我当您的学生也还差得远。”赵明亮说,“但是我仰仗科技的帮助,去网络上学习。您这花我知道,开春5元钱一盆;而我这花,30元一盆没问题。”

一句话把老花痴惹起了脾气:“胡说八道！你那花是花,我这难道是豆腐渣?”

“伯父息怒。”那小子语调慢吞吞地气人:“您培养这花,是当地土产,俗称‘螃蟹爪子’,其实应当叫‘仙人指甲’;而我这盆花,是南方有名的‘蟹爪兰’,无论品相和培育难度都大不一样。有道是人离乡贱,物离乡贵,您看同样是杏仁,老美产的跟咱当地的比……”

“说那些臭氧层子有什么用?”老汉打断小伙子的夸夸其谈,“你说准了啊,30块一盆,听口气你没少折腾呀,那开春咱市场上见。”

“好的。”小伙子转身就走。

姜介林见他那盆花丢在花窖里呢,真想留下研究研究它到底怎么个高贵法,然而,这涉及闺女的终身大事呢,岂能如此不顾尊严？他厉声吩咐:“我请你带走它,明年市场上见。”

望着小伙子狼狈离开的背影,老姜头用鼻音说了句:“小兔崽子,反了你呢。”

三、姜是老的辣

转眼春暖花开,小城唯一的花鸟市场热闹起来。老姜从自己花窖里挑出一批花儿,推到市场,占下东端一个好位置,告诉老伴:“君子做事,不能出尔反尔,这花说好了,5元一盆,不得涨价。”

老花痴这命令看似公正,其实,他有自己的主意呢。小子哎,你不是吹牛要卖30元一盆吗,我这有5元的,谁买你的！茶盘扎猛子,不知深浅,敢跟我老家贼叫板,岂不是自找难看?

安排好老伴,老姜头戴上一副墨镜,夹在人流中沿着花鸟市往西走。走到尽头,看见了,赵明亮果然出了摊,小平板车上摆放着十几盆所谓的名贵花,前面悬一牌子:正宗南国蟹爪兰,每盆30元,一口价。

哎哟，这小子别说，还有点像个男子汉。姜介林正想着，就见平板车前停住了好几位，像观看怪物似的。一位中年男子瞪着那牌子说："故弄玄虚。这花是人参还是洋酒，分什么正宗不正宗，无非是净化空气，美化环境，哪个还会把它当股票炒，企望它增值吗？"

一位少妇也跟着溜缝儿："这花盆是比较高档些，但市场东头有只卖5元的。"

小伙子笑着说："叔叔姐姐们看仔细了，这一分钱，一分货……"话没说完，就让另一位给堵了回去："一盆顶六盆贵了，你这花看一眼能长生不老吗？"

老花痴在一旁听得那份舒坦哟，小子，群众的眼睛是雪亮的，任你花言巧语，架不住没人买账。

姜老汉一天过去看了五六趟足有，那小子的花他牢记着呢，早上几盆，晚上还是几盆。他不由幸灾乐祸，都说不赚钱赚吆喝，你这还白搭管理费呢。就冲这份智商，我闺女要嫁你，我老姜头摸电闸去！

回到家，见雅凤阴着个脸，老花痴心中暗笑，丫头，心疼了？别怪老爹心硬，虎毒不吃子，老爹这完全是为你的将来把关呢。

这工夫，老伴没等他帮忙，自己乐呵呵地把车子推了回来。一看，嘿，车上的花卖光了。老伴说，大家日子一天天舒坦，都讲究起花草来了，傍晚最后剩下5盆，让姓赵的那小子给包了去。

姜介林指着闺女哈哈大笑："瞅瞅你这眼神儿，左挑右拣，选了颗猪头一只眼。自家还不知找谁哭去，反过来帮助你妈销货。就这点小恩小惠，它管用吗？"

雅凤气得直跺脚："爸呀，您哪那么多'疙瘩话'呀，明亮花钱，咱给花，这是公平买卖。咱不拿那种心态看人好不好？"

"哎哟，丫头，八字没一撇呢，你可不能站错了队呀。"

爷俩又是吵了个不愉快。老花痴没往心里去,哼,成王败寇,看谁笑在最后。你小子输了这盘棋,今后我还是姜爷爷,想提一辈朝我叫爹,门都没有!

就这样,老花痴放下了心。姜还是老的辣。你小子折腾去吧,看你最后如何向我交代。

四、谁让我当爹的

这天,姜介林帮老伴送完小车,找朋友喝酒去了。正喝到高兴处,另一位迟到的酒友敲门,手里还提着一盆花。老花痴的眼睛立刻直了:“你这花哪买的?”

“花鸟市场啊,30块一盆。”朋友说,“你是摆弄这个的,还会不掌握行情吗?”

“怎么让那小子忽悠出去一盆?”老花痴喃喃自语。

朋友不依了:“什么叫忽悠,人家顾客多的是。老伙计,不明白了吧,这叫蟹爪兰,上档次的……”

往下的知识讲座,老姜头压根没听进去。这还没过半月呢,难道是乾坤倒转,那小子发动了“政变”,真的假的?老花痴这顿酒啊,一点没喝出滋味来。好歹应付完,他出门就戴上墨镜,直奔市场。

远远地望去,许多人围住赵明亮的花摊,听那小子白话。再走近,老花痴傻了,只见那小子把花盆往里挪了一点,边上摆着两盆他老汉培育的“蟹爪子”,也挂了牌子,写道:当地土产“螃蟹爪子”,又名“仙人指甲”,5元一盆,多购少算。

我的老天!老花痴登时感觉肚里的那点酒要往嗓子眼处拱:这小子是高。没承想,他买我家的花,是拿来做陪衬的!难怪老伴说近来花卖得一天不如一天,这是让人贬低了!他想忍气吞声,心里不舒服;他要跳脚蹦高,找不出理由！老花痴担心被人认出来，灰溜溜地离开了市场。

一进门，老伴和闺女正说悄悄话呢，见他进来，老伴立刻转移了话题："老东西，我这辈子就欣赏你为人耿直正派。跟小赵这场较量，咱认输了吧。孩子聪明是好事，瞧你那一脸官司，分明是心胸狭窄。"

"心胸狭窄什么话?"老姜头大脑够灵活，他一下子认清了形势，这娘俩才是瞒着他搞了"政变"，没准是就暗度陈仓，跟那小子结成统一阵线，把他一块老姜晾在了菜板上！

姜雅凤吃吃地笑："老爸呀，人小赵没跟您较真。他想建议您换换品种，担心挨骂，所以，搞了这点小把戏，他让我向您老人家道歉呢。您看看，那些茅台，是卖花的收入，剩下的花，只要您恩准，明天全招安到咱家的花窖来……"

什么，小把戏?

老伴哈哈大笑，说这"口供"也是她才从闺女嘴里挤出来的。小赵那小子太有战略眼光，知道老爷子喜欢摆弄花卉，高考志愿就填报的园艺专业，如今是市园林处的技师。陪老爷子练这阵手艺，那是人家把休假期攒到了一块儿……

老花痴愣了半天，忍俊不禁："好你个姜雅凤，初级阶段就帮着外姓人戏耍你爹，我这老家贼能斗过你们一群小家雀吗……我想起来了，当年你姥家母鸡下个蛋，你妈都偷出来给我烧了吃……原来这丫头随根儿，遗传!"

"爸……"

"行了，明天你通知他来吃饭。还那话呀，将来就是成了，那赵老妖我啥也不称呼。"

老伴提醒老花痴："你说过，小兔崽子不投降，怎么来着?"

姜老汉狠狠瞪了老伴一眼："他不投降，我投降呗。谁让我当爹的!"

巨　匠

汪继先本来是个跑码头的地方戏演员，走街串户地跟团演出，混得饥一顿饱一顿。偶然一个机会，某电视剧组过来拍戏，他近水楼台，得以饰演了一个小角色。没想到，这个戏居然上了大频道，汪继先一下子成为当地的小名人。成了小名人后，当地某家小公司为了提高自家的知名度，请他做广告，特意打上了"著名电视剧演员汪继先"的头衔，汪继先自己也在博客里称自己是某剧的主演。此后，汪先生交上好运，在本地做了几次广告，着实赚了点小钱。

赚了钱的汪继先辞职下海，自己注册了一个公司，尽管生意一般，那也叫汪总啊。为了把办公室装修得豪华有品位，汪总打算请本市的书协主席刘升过来题字，顺便沾点名人气。

岂料那个刘升不买他的账，花白的脑袋一昂："润笔费两万。"汪总不高兴了："你充其量不过是省书协的理事，怎么摆出一副巨匠的派头？"刘升拿鼻子一哼："我理事是靠真本事干上去的，你总共读过几天书？你没仔细看看你参与的那个戏有多烂，其实是制片商花大价钱买上去的。你在戏中最多算是男六号，还自称主演。这个'著名'充其量只能算'署名'，有什么资格对我说三道四？"一句话把汪继先逼到了墙角："一号那叫领衔主演，剩下的既然没注明，当然全是主演，业内就这时尚，有什么不对吗？不就写个字吗，别人再想插手,还没机会了,本人要亲自执笔。”

汪继先在草台班子时美工、海报、字幕什么杂耍没干过？他琢磨了一通,挥笔写下了“继先实业”四个大字,题上落款,盖上印,让制作牌匾的略作修饰,大牌子就挂了出来。汪继先事后还请了一位书坛新秀,对他的字进行指点。这位新秀没架子,吃顿便饭就受宠若惊,经过半年,汪总觉得有个八九不离十了,喝上点酒,也愿意乘兴挥毫,写了书法赠送客人。当然,客人拿走后,一般都是塞进了垃圾箱。

有一天,书法家刘升从汪总公司门前经过,抬头看见汪继先题的匾额,哈哈大笑:“真是‘这个时代太疯狂,耗子都给猫当伴娘了’。汪总若是再习练几年,可以写对联卖了。当然,他若是有更大影响力的人,写到这样也中,字以人贵嘛,可惜他啥都不是。”

这话传到汪继先耳朵里,汪继先鼻子歪到耳朵边又恢复到原位,随即冷笑一声:“就刘升那观念,这辈子当个理事顶天了,用不了多久,看我骑到他头上去。我不但写字,还要让它卖出高价。”

这话刘升也听到了,嗤之以鼻:“他写字能成气候,我爬着搬出本市!”

汪继先一拍桌子:“他写得好,能赶上启功和欧阳中石吗？写不好却能卖出高价,那才叫真本事,我且看他如何爬出本市。”

汪继先的公司其实是交给老婆打理,他得闲就寻找门路,参与剧组演出,虽然演技一般,但他任劳任怨,不争报酬,还肯掏钱巴结导演和同行,因此,在导演和明星中口碑不错,下次有戏,他们还忘不了这个廉价劳动力。汪继先得到了许多与明星大腕合影的机会,回去都制作成巨幅照片,挂满了他的公司走廊。

这年年初,有个拍卖活动在本市举行。汪继先写了一幅书法作品,装裱好参与拍卖,十万元起价。刘升等名家到场一看,差点就笑死了,说就这破玩意,卖五百块钱,还得是看在他装裱精良的面子上,十万？哼。

谁知道开拍时，主持人喊了声："接下来拍卖全国著名影视明星汪继先先生的墨宝，十万元起价。"话音刚落，便有人跟上，一声接一声，最后，以三十万元成交！

当地媒体立即做了特别报道。然而，事情没完，两个月后，在省城的拍卖会上，拍得那幅字的买主到省城参拍，居然拍到了六十万元，赚了一倍！

消息传回，汪继先拍着膝盖后悔："我让那投机分子给算计了，我成了他的赚钱工具。耻辱呀，耻辱。"

于是重新写了一幅，派人到北京，出重金找名家装裱，再次赴江南参加一次拍卖，最后拍得八十万，那位买主也不吃亏，到京城参加拍卖，拍得了一百二十万的天价！

媒体连篇累牍地报道汪继先的新闻，大呼汪先生多才多艺，世所罕见。全国书协吸收汪继先为会员，省书协特邀他做名誉副主席……本市那个书协主席刘升如何看不到？他不住声地哀叹："完了，这艺术彻底没了出路，全让跟风的、媚俗的给恶搞了！"

汪继先也还是冷笑："明明是技不如人，他还不服气。这叫心胸狭窄，最多出息个匠，成不了大家的。"

汪继先成了书法大家，人家拍卖的价钱在报纸上登着呢。影视界很重视，请他主演大片，并特地设计了让角色现场挥毫的戏，这剧照立即又在媒体上刊出……此后，汪继先出现在书法界就秀演技，他参加书画界的活动，现场表演即兴小品，赢得如雷掌声，书法界都知道有个著名演员汪继先；参加演艺界活动时，必现场挥毫泼墨，惊起一片赞叹，演艺界都知道出了位书法名家汪继先。这阶段汪总名利双收，成了红遍全国的名人，也成了富甲一方的企业家，他索性把公司迁到了北京，在首都发展。

最近，联合国教科文组织到汪继先家乡的省城考察，省长亲自参加座谈，有关部门在本省请到数十位名人，刘升也获此殊荣。刘主席受宠若惊，临行前把这好消息遍告亲友。他诚惶诚恐地来到会场,被安排在圆桌周围的椅子上等候联合国嘉宾。稍后,全场起立,热烈鼓掌,省长一行拍着手陪同嘉宾步入会议室,刘升一看,眼睛直了,陪同人员中赫然有被他不屑一顾的汪继先。主持人介绍到场人物时,刘升被称作本省书法骨干,而汪继先则是中国大腕演艺明星、书坛巨匠,全能奇才!

这次会见,汪继先又成为最大赢家,他当场为国际友人写了书法作品,并与每位受馈赠的联合国官员扯起他的书法合影留念,那位娇小漂亮的小姐还特意搂住汪先生的脖子,在他脸上留下了唇印……

汪继先先生成为家乡的骄傲和象征,进入市区的转盘广场上悬挂着他的巨幅画像,书协主席刘升退休后,也被汪总请去做顾问,他给的顾问酬谢比刘主席工资还多,刘主席感激涕零,亲笔题写"书坛巨匠,影视奇才",落款标注"伏请继先方家雅正"字样。那些把汪总书法塞进垃圾箱里的人,现在只有抽自己嘴巴的份儿啦。

又过去一段时间,汪继先得到经纪人的报告,最近有位国内外知名的巨型导演要求与他合作,由汪总领衔主演一部投资十几亿的超级大片,而汪总最近的一幅书法作品在国外拍卖,拍得了五十万美元!

后面的消息着实让汪继先好半天没返过神儿来。原来,以往那几次书法拍卖全是他一手策划的炒作方式,他是暗自安排自己人抬价,最后又买下的,为的是跟刘升较劲争这口气,获得了摧枯拉朽的战果,是他做梦也没想到的。而现在国外这次拍卖,并没有安排什么人呀?想来想去,汪总进入了状态,敢情自己确实是不折不扣的书法巨匠,从前那几回炒作,纯属多此一举了,即使不安排自己人当托,也一定会有人识货。

无法推广的经验

为了提升城市的形象,一夜之间,省城所有公厕免费开放。这一举措让这座城市的公民感到了优越和自豪:瞧我们这儿,上厕所不收费。卫生程度提高了,文明程度自然也就上去了。面对这可喜的成果,市政府领导会议号召,要进一步巩固,不能让树立城市形象的战略决策功亏一篑。于是,主管部门的领导当即做出决定,索性搞一次全市公厕大检查。

这一查果然就查出了许多问题,许多管理公共厕所的员工不负责任,厕所卫生不好,设备严重损坏。相关人员根据过失大小,都受到不同程度的处罚。检查团发现,位于动植物园正门以东有处573号公厕极度反常:这里游客流量大,用水多是必然的,可是,查他们的用水记录,只相当于同类公厕用水的六分之一。

这就怪了,是水表出了毛病?检查团当场放水测试过,没发现异常啊。这公厕用水均由公家买单,不用管理人员操心,如果特意在水表上做手脚,这个人除非有病……而用水反常是铁的事实,这里头究竟会有什么猫腻呢?

573号公厕引起了检查团的关注,有位蔺副团长发狠非要搞个水落石出不可。几天下来,他一直在公厕附近观察,还偶尔进去抽查过几次,发现厕所内很清洁,并且,许多入过厕的人,都对这处公厕反映极佳,因为市区规定,早5时到晚8时为公厕开放时间,该公厕非但没有过早锁门和过迟开门的现象,相反,甚至通宵达旦地开着,这一举措给许多夜行人提供了方便。

再深一步了解,蔺副团长得知,公厕的管理人来自山区,无家可归,日夜以厕为家,所以才有这样的条件。副团长恍然大悟,谜底揭开了:山区人贪小便宜心重,一家人吃住在公厕内,生活用水只能占公家便宜,这就违反了"公厕管理条例"中"管理人员严禁在公厕内接水、接电、淘菜、洗衣"的规定,这家人不知道生活用水在这样规模的公厕中占比例极小,他担心事情暴露,就隔三岔五想办法让水表停转,没想到做过了头,这才叫欲盖弥彰。

也就在这时候,一些受过处分的同行也纷纷打电话,揭露573号公厕管理员变相贪污的行径。蔺副团长向有关领导请示后,决定正面接触一下那个管理员工,把事情搞清楚公布于众,达到杀一儆百的效果。

看厕所的是一位独臂老汉,与他共同参管的是他的老伴,一位腿脚不太好的老太太。蔺副团长进去时,老两口正收拾卫生,得知来访的是副团长,老两口连激动带恐慌,不知如何是好了。

蔺副团长冷眼扫描了一番,573号公厕位置特殊,水表的铅封处都长了水锈,没有做过手脚的痕迹,如果想"省水",只能把地面掘开,绕过水表接水管盗水,可现在地面封闭严密,根本不可能达到盗水目的,这到底是怎么回事?

蔺副团长灵机一动:"老人家,厕所让您管理的差不多一尘不染了,尤其难能可贵的是为国家节省了大量的水。您能跟我说说经验吗?"他这一招确实高明:我不说调查你作弊,取经总可以了吧,这样,势必将老汉逼到死角上,你不说出个理由来,我就接着问。

听到这话,独臂老汉的脸腾地红了,他支支吾吾地承认,老两口都在这儿用水,沾了国家的便宜,良心上过不去呀,所以就千方百计为公家节省了一点水作为回报。就这。

怎么样,招了吧。蔺副团长步步紧逼:"老师傅,实话告诉您,我就是专为这节水的事来的,您千万不能保留。假如您的经验推广开来,那意义相当深远,我一定要给您请功,申请奖励。"蔺副团长成竹在胸,话说到这份儿啦,看你老汉如何答对吧。

"千万不要,千万不要。"果然,那老汉此刻已紧张得白了脸:"是不是我一定要多用些水,才符合咱们的规定呀? 如果那样,我照做就是了,求您不要刨根问底了。"

蔺副团长忍无可忍,他拉下脸来:"你这叫什么话,谁让你多用水啦? 我今天就要刨根问底,你是怎么偷的水,如实坦白,我会念在你年老体残的份儿上,不予追究就是了。"

"我拿我的人格做担保,绝对不是偷水。我是用一种特殊方法实实在在地节省了水。"老汉急得脖子上青筋暴跳,"我撒半句谎,你马上把我行李扔大道上,我跟老伴立马走人。"

真是有节水诀窍呀。蔺副团长见老汉不像说谎的样子,不由心里一阵狂喜,一个公厕,每年节省数百吨水,照这样推广开来,拥有数千公厕的省城乃至整个国家该节省多少水呀! 蔺副团长说:"我这代表组织求您老人家了,中国是水资源奇缺的国家,您一定得把诀窍说出来,否则,真有一天您老人家百年了,这秘诀失了传,那损失才叫无法估量。"

"唉,领导呀。"老汉眼泪刷地下来了:"您要是照顾我可怜我,就别逼问了。否则,传出去,我就成了全省可能是全国同行的攻击对象,我怎么受得了哇。"

蔺副团长莫名其妙,何等严重的事,会有如此后果? 于是向老汉承诺,您节省了水,肯定要表彰奖励的。只要您把经验说出来,我们经研究,如果觉得应当保密,就给你保密,不会影响表彰奖励。

"我可是经常故意破坏公物。"老汉语出惊人。

什么? 破坏公物跟节水有什么关系?

老汉说，他和老伴长在山区，近几年实在种不动地了，就到省城拾荒为生。他们一个腿脚不行，一个只有单臂，尽管起早贪黑，也还是抢不过同行，那日子可想而知。感谢社区领导关怀，给介绍了这么好的工作，连住房都有了，冬天还供暖气呢，老两口真像掉进了福坑里。可没做多久，老两口吃不香睡不宁了。这公厕用水太浪费了，撒泡尿，一按钮儿，放掉的水超过尿水好几倍，有时赶上那脚踏式龙头被卡住，水就不间断地流……老汉仔细观察，到底想出了节水办法。这个城市几年前号召淘汰腌酸菜的缸，以减少楼道污染，老汉廉价购到了两只废缸放到角落里，事先放满水，又关掉水闸，造成停水的假象。入完厕的人一踏那个水龙头，见没水，大多扬长而去。老汉坐在门口默默数着，每过10几位，他抽空进去，拿瓢舀着水小心地冲，拿笤帚仔细地刷……"我看到有些住户为了省水费，也是这样冲刷自家的厕所，照样很干净。这个厕所有时候一小时几百号人进出，我和老伴就当锻炼了，不闲着洗刷，自然就省下了水。"老汉还说，看到检查团和蔺副团长到来，他不动声色地把水闸放开，任何人也休想破解这节水之谜。

原来是这样。

"这样做，你们老两口付出的就太多了。"蔺副团长突然觉得无比难受，他们是一双年过花甲的老人，并且身有残疾呀。

老汉说应该应该，他俩原住的那个山区，严重缺水，常常一担水用两三天，冬天只能化雪水食用。"看到这么清的水白白淌掉，心疼啊。有时我也瞎想，要是所有的厕所都照我这样收拾，咱国家的水是不是可以多使唤好些年，咱们的子孙就不必像当年我家乡人那么受水的气啦。可要是都像我这么做，谁还肯来干这个活呢？"

"我不但给你保密，还要帮你申请奖励。"

"不求奖励呀，领导。我俩愿意挨累，活越累，就不必担心这工作让有门路的给撬了去呀。"

蔺副团长紧握住老汉的手,好半天没说话。

年终,独臂老汉获得了一笔奖金。

奖是奖了,但他的经验没法推广。省城的公厕原先收费那时,收入相当丰厚,承包者都是有头有脸人的亲朋;实行了免费政策,那些人一见没油水可捞,一夜之间全换了管理人员,像老汉这样的无职业弱者才捡到手这份工作……然而,正如老汉自己所说的那样,假如拿老汉的经验说事,往后管公厕这活只怕是没人接手了!

谢不着的老骗子

祝犹芬秀外慧中,是个非常优秀的女孩,大学毕业,被聘入某企业就职,忙忙碌碌几年下来,冷不丁发现,由于自己心高气傲,已经陆续淘汰过10多任男朋友,这样下去,还真就把婚事给误了。犹芬嘴上咬得硬,心里却有些后悔,细品起来从前被她蹬掉的,其中就有不错的呀,咋说蹬就给蹬了呢?父母催骂,亲戚着急,祝犹芬于是暗暗警告自己,不能过分自我感觉良好,要降低标准。她大年夜被逼着搬过荤油坛子,说是借动荤(婚)的吉利,四月十八去娘娘庙里许过愿……然而越急越没辙,尽管许多热心的同事和朋友相继地做她的介绍人,可领到她面前的,一个比一个差,差到超出了她的底线。祝犹芬好不烦恼,常常赌气:这辈子独身算了!

昨天,老妈从乡下找她来了。老妈说:“丫头,你差不多找一个算了,只当给我和你爸争口气。”“我不嫁人才给你们争气,这是响应国家晚婚号召。”“拉倒吧,啥号召,人国家号召你独身了?你知道你爸让人咋羞辱的吗?咱村老张家那闺女,今年才18虚岁,已经处过三次对象,认识没几天,就睡到一块。你爸也是嘴贱,说老张你那闺女这年纪恋爱,太早了点儿。你知道老张回了句什么,他说早了比嫁不出去强呀,大伙都怀疑你闺女是石女呢。你爸觉得当你面张不开嘴,这才打发我来催催。”

送走老妈,犹芬气得嘴唇发青,她不嫁人碍着哪个了?这么嚼舌头。犹芬百无聊赖地往回走,恰巧遇上了几年不见的老同学柳菊领着孩子玩。柳菊得知她至今“没主儿”呢,无论如何不理解:“就你这条件,至少比我得高出二十个百分点,咋回事呢?算一卦得了。我当年就是找人算过的,说男方在板石铁矿,后来我果然就嫁到了那里。人家还有办法破解呢,备不住你犯了什么忌讳,一破解,你就等着入洞房吧。”祝犹芬嘴上犟着不信不信,然而等柳菊走得不见影了,她做贼似的拐到邮局附近,见路边一位留长胡子的老汉,守着个悬有“神机妙算”招牌的卦摊打盹儿,便在他面前蹲了下来。

“姑娘脸上带着事呢。”那老汉确实厉害,“你是求婚姻……”哎哟,他怎么一言中的?祝犹芬立即点头:“老先生,对极了。”犹芬按照算卦先生的要求报上生日时辰后,老汉摇摇头:“你不是真正意义上的不动婚,给你介绍的老鼻子啦,不成的原因全在你,你人优秀,挑拣得厉害啊。”

句句说到点子上,果然不愧是神机妙算!祝犹芬赞不绝口,掏出一张50元的票子:“老神仙,您帮帮忙。”

“这个嘛,小菜一碟。”老汉眯起眼睛片刻,问:“把你手机号码说我听听?”听祝犹芬一说,老汉立即一拍膝盖:“就这号码不对劲,你赶紧换张卡,那就离动婚不远了。”

换张卡费不了多少事。祝犹芬站起身,发现不远处就有个书报亭卖电话卡,她选了一个号,把号码换了。回到单位,碰上领导,说:“小祝你哪去了,我到处找不到你,打电话你还关机。”祝犹芬回答:“我换卡了。”领导让她立即跟随出差,她匆忙准备了一下,就去了外地。

这一去就是五天。祝犹芬从外地回来,一到单位,同事们就争先恐后质问她:“这几天办公室找你的电话都打疯了,你手机怎么不开?赶紧请客慰劳代你记电话的!”祝犹芬一看记下的号码,全是她好友和同学。犹芬打过去,遭到对方的痛斥,人家给介绍男朋友了,这个税务的,那个法院的,还有财政局……全是好单位,可找来找去,不见犹芬的影儿,得,搞得对方特别尴尬。

一个大学毕业生，哪好意思承认算卦的事儿，小祝就瞎编，说是电话丢了，求对方再给撮合撮合。结果反馈回来，差不多都是跟机缘擦肩而过，人家“名草有主”了！同学和好友千篇一律地替她惋惜，说哎呀那男生有多优秀多帅气，你说你早不丢晚不丢，咋偏偏这时丢电话，你还能干点什么你！

尽管有冷静的朋友劝慰祝犹芬，告诉她，介绍人的话别太当真，世俗之交，都是人病死后就蹦出好医生来，分明是送后悔药给你吃，他们落空头人情呢。仔细想想，会有那么多优秀男孩供你选择，并且都赶在了你出差这三五天里？这么劝，祝犹芬仍然痛断肝肠。她流够了眼泪，仔细分析，就恨自己轻信那算卦骗子的一派胡言，若不是换手机卡……可老汉怎么就扯到手机号码上了呢？小祝猛然回过味儿来，书报亭那个卖卡女人长得跟老汉相像，一定是他女儿。狡猾的老骗子原来是借算卦之机，替他闺女当托儿！

祝犹芬马上到派出所报案，问老汉公开摆摊，搞封建迷信诈骗，你们管不管呀？派出所的警察乐了：“小姐，咱市区一位警察把枪给丢了，全城忙着掘地三尺，十多天了还没找到呢。你没见满街都是卦摊吗，他们哪个若是抢银行，我们马上就出警。要不你找城管试试？”

既然警察不管，祝犹芬不甘心吃这个哑巴亏，决定自己讨说法。她煞费苦心地策划了一整套方案，一定要当众揭穿老骗子的伎俩，即使补不回痛失白马王子的遗憾，那也算为民除害，让他今后再骗不成人。万无一失地想好步骤，祝犹芬再次站到了卦摊前。

那老汉早忘记了祝犹芬是谁，又揽生意了：“姑娘，你是求财还是问婚姻……”原来这老头儿根据对方的年龄、打扮画圈儿推测，这年龄段的女性，当然多数问这个。祝犹芬假装万分委屈，报上了自己的生辰八字，说好几个男性对她纠缠不休，问如何才能摆脱。

不出小祝所料，老汉东扯西扯，又扯到了手机号码上。听犹芬说了现在这个号码，那老汉迫不及待地断言："就这号码犯病，你赶快换个号，事情立即明朗一多半。如果你信得着，我还可以帮你破解，只要500元。"

祝犹芬那个气呀：老东西，你也太黑了些，卖一个电话卡，让我憋了几天气，耽误我的青春，该当何罪？看本姑娘如何惩治你！祝犹芬咬着一半牙齿说日语，故意往含糊了说，老汉以为要求他解决什么，就把耳朵凑到了犹芬嘴边……

等的就是这效果！祝犹芬选准时机，抬手一巴掌结实地甩在老汉脸上，同时她夸张地发出尖叫："老流氓！"

这一嗓子，马路边很快围过来一大帮看热闹的人，那个卖卡女人也颠颠地跑过来，责问祝犹芬为什么打她爸？祝犹芬一边用纸巾夸张地擦着腮部，一边指着那被打蒙了的老汉："你让他自己说！"说着伸手去揪老骗子，要去派出所。

老汉要命也没算出来祝犹芬是蓄意报复，委屈得直掉眼泪："姑娘，我真不知道你为什么打我。"这时，围观的有许多年轻人，起哄般地叫起来，说这老头儿白活了那么大岁数，还竟敢轻薄人家这么年轻的女孩，就应当抓起来。老汉羞得收拾起卦摊，在卖卡女人的掩护下挤出人群，仓皇逃窜，小马扎也忘在了那里……

此后，不但再没见那老骗子的影儿，连附近几个摆摊的也消失得无影无踪。

祝犹芬好歹出了一口恶气。这天，本市搞矿泉节庆典，祝犹芬去观看演出，路上碰到一位挺帅气的小伙子，笑眯眯地瞅得她意乱心慌。经对方自我介绍，才知道他也是本市的一位"大龄"，那天犹芬严惩老骗子时，小伙子恰巧在场，看得激情澎湃。敢情这小伙子的母亲也是着急一族，她也求那老汉给儿子算过卦，问什么时候能找到媳妇。这老骗子张口就说小伙子近期有血光之灾，吓得他母亲差点撞墙，最后被老骗子以代为禳解为借口，骗去了

800元。小伙子知道了实情,怒冲冲要来讨说法,却见那老汉年纪太大,担心让他讹着不敢轻易向前……还是犹芬这主意好！于是,小伙子请犹芬吃饭。一来二去,俩人才知道,彼此志趣如此相投!

转过年来,祝犹芬与小伙子喜结良缘。婚后幸福之余,两人还都说,不是那位老骗子,险些错过这好姻缘。早知道如此,谢还来不及呢,打人那一耳光实在有些过分。遗憾的是不知道那老人家去了哪里,如不当面道个歉,这辈子心里总堵着点什么。

这一天,犹芬挎着丈夫胳膊去火车站办事,突然就发现树底下蹲着一个人,那正是他俩的红娘,被屈打过一耳光的老算卦先生。他当初让犹芬一闹,转移到这边来了。

祝犹芬既惊又喜,她松开丈夫的手,快步直奔算卦先生。那老汉一抬头,脸色陡变,东西也顾不得收拾,拔腿就逃。原来,那一耳光让他牢牢记住了犹芬的模样!

望着老汉的背影,祝犹芬哭笑不得,我这次是真心找您赔礼加道歉的,最少有两百元红包献上,您老人家神机妙算,咋就算不明白今天有财要发呢?

刀和刀把儿

章副局长的小外孙成了一块烫手的山芋。

女婿不幸遭遇车祸死亡,女儿嫁到了国外,小外孙暂时不能带去,章副局长老两口巴不得哄外孙玩,理所当然地留了这小东西。然而,两口子争着抢着地疼,把小家伙惯得无法无天,这不,刚才姥姥惹得他发脾气,居然要拧开煤气,把房子点着!老两口气得嘴唇发青,还得低声下气地哄他开心。哪天他不高兴了,这小东西可是什么事都能做得出!

正发愁呢,乡下表嫂登门。表嫂是家穷亲戚,这回带来许多礼物,肯定是有事相求。老两口便不约而同诉说起了带外孙的苦处,这样诉说,就达到了转移话题的效果,让客人有事也难以启齿。章副局长说:“我在公安局干到快退休了,再咬牙的疑犯见了我都打哆嗦,想不到让这5岁的娃娃给治住了。”章副局长说,这小子真是个混世魔王,他睡起懒觉来,谁影响了他,他就咬谁,你说遇到急事,又不敢把他自己放在家里,这却如何是好?现在这小子胖得快到90斤,早超标了,还是顿顿吃肉,没肉就绝食,将来胖成傻子怎么办?更邪乎的是稍有不顺,不管干净肮脏便躺在地上打滚,直到你答应他的条件为止。原以为送到幼儿园管教一下或许会好,可送去一天没到黑,人家管不了,又给送了回来……

“表嫂你给评评,我们家到底谁是孙子?”

刚才外孙的那番表演,表嫂也看到了尾声。她叹气道:“老话说,儿要穷养呢。这孩子还不是让你们惯坏了,就像小树苗,必须打小治理,越大越难治。”

章副局长心里说,我整天对下属说这些道理,还用得着你启发?可手中还捧着烫山芋呢,只能哼哈应对。又听表嫂说,这叫自己的刀削不了自己的把儿。如果能舍得,小外孙可以交给她,有一个月工夫,差不多能训练得规规矩矩。

真的?章家夫妇交换了一下意见,觉得这孩子自己确实管不了,一咬牙,答应下来。三个成年人一番商量……

第二天,章副局长带外孙去公园玩,故意把小家伙丢掉,让表嫂拾了去,花言巧语给弄到了农村。再往后,只是每天电话里听到那边的消息:“大兄弟,孩子挺好的。你俩再怎么想,也不能随便过来看他呀,那可就白费工夫了。”

离开了小外孙,章家夫妇心里那真是没着没落。然而,他们毕竟还是通情达理的人,既然有言在先,只能度日如年地盼到了一个月期满。表嫂打来电话:“时间太紧了。要是有一年的训练期,那就再理想不过了。可你们若是实在想得受不了,那就还你们个半成品吧。”

第二天,表嫂老两口把外孙给送到了章副局长家中。老两口打眼一看,嗬,这孩子瘦了许多,却变得健康结实,尤其是见到姥爷姥姥,那亲热、礼貌更是前所未有的。以前饭菜上桌,小家伙这也不好,那不对……如今,规规矩矩,吃得那才叫一个香,吃饱了,还知道把碗筷送到厨房里……

章局长夫妇俩你看我,我看你,不相信眼前的事实,就短短一个月,孩子判若两人了!

表哥表嫂简单说了管教孩子的经过。

当初他们先让一老乡假装歹徒,拐骗了孩子,然后,表嫂“碰巧”给救到了家中。这孩子乍到了农村玩得高兴，可一天不到黑，就原形毕露，吵着回家找姥姥、姥爷。这时，表哥把脸一翻："小兔崽子，我们好吃好喝供着你你不享受，难道你还想让人贩子拐走不成？"说罢把门打开。外面漆黑一团，这孩子怎么敢出去？他故伎重演，马上躺地下打滚。老两口就按商量好的，一齐鼓掌，说滚得太好了，再滚还鼓掌……最后孩子只好爬起来求饶。老两口略加安慰，让他洗澡睡觉。第二天吃饭，孩子要小食品，要牛肉，老两口回答说没有。孩子又拿出了绝食的办法，老两说，你早该减肥了，你不吃我们吃，故意把饭菜嚼得山响……到了晚上，小家伙一口气喝下两碗玉米粥……至于睡懒觉，更好办，老两口说，我们还有事呢，你自己在家睡吧，安全不能保证。嘿，从此，早晨一听到老两口起床，他就忙着穿衣服……

"我们见有了效果，马上给予关怀，带他爬山，捉蚂蚱，采野果……如今相互都处出感情来了，再让他跟我们回去住一段，他肯定不会有意见。"

章副局长两口子瞠目结舌。其实并不复杂的过程，可他们怎么就下不了手呢？猛然，想起表嫂上次登门，一定是有事："表哥表嫂，咱是正宗亲戚，你们有事用得着兄弟，我一定尽力。"

老两口说果然有事相求：他们中年得一子，直娇惯到25岁，这小子吃喝嫖赌无所不能，父母想管却管不了，弄不好怕是要进监狱的。"我们手里握着他一点证据，交给大兄弟，帮着教训教训。可别真抓去给判了呀，吓唬吓唬，让他改了就中。"

章局长立刻两眼放光："小菜一碟。凭我这30年的老公安，怎么可能收拾不了他！"

第三辑

怕他不认真

第三辑

财迷的“障眼法”

野猪毛沟是个远近闻名的穷山沟。别看村子穷，却出了个财迷叫张洪伟，他睁开眼说的第一句话就是想发财。这人栽过葡萄，种过药材，做过豆腐，酿过酒……凡是他知道的副业差不多尝试了个遍，自己没赚着大钱不说，连累得许多“粉丝”也因为仿效他的路子奔富而劳民伤财。乡亲们背后地里嘲笑张洪伟是个财迷心窍不切实际的假农民，这个张洪伟却痴心不改，又去市里拉回一台玉米粉碎机，说要张罗办养猪场。邻居们听了都纷纷摇头，说这小子不是精神受刺激，就是脑袋进了水，这几年粮价压不下去，肉价涨不起来，加上猪羔的成本居高不下，原来的专业户都想转产，再加上野猪毛沟当地没兽医，若是遇上个病害什么的，那可就想哭也找不到坟头了。乡下人毕竟厚道的多，就去劝说：“洪伟呀，你实在想搞养殖业，附近几个村都有养鸡、养非洲雁的，你也试试呗，跟人家学习经验起来还方便。”

张洪伟摇摇头：“可我一闻到鸡鸭粪便味就过敏，那钱再多，不是我能挣的。乡亲们就是比我高明，细算可不是这个账嘛。好吧，猪我是不养了。”

养不成猪，张洪伟拉回的粉碎机不能扔掉，他就给大家粉碎玉米回收点成本。山里人这些年改吃细粮，玉米全当牲口饲料，人偶尔只用它来调剂一下口味了，一看这机器嗡嗡转那么一小会儿，就抵在石磨上转悠半天，大家很快认同了张洪伟的加工。见小张忙忙活活，又是搬运又是装袋子，造得满头满脸玉米面面，大家心里说，赚这点钱也不易呀。

张洪伟干活收费有区分，他说自己买机器的本钱是借的，还是希望拿到现钱早日还债。这样吧，粉碎一袋玉米，如果赊账，加工费一元；如给现金，则九毛。大伙一算，粉10袋就等于白赚一袋呢，想方设法也把现金凑齐了给他。这样，张洪伟辛辛苦苦几年做下来，一份满额的工钱也没赚着，全是九折。

方便加便宜，张洪伟的生意渐渐扩展到了外村。他印了名片，印上家里的电话，印上“24小时服务，随叫随到”，去一家发一张。有的人看了发笑：“这粉碎的活儿又不是长病、生孩子，还用得着半夜三更找你吗？”张洪伟严肃地说：“怎么没有？我做过好几家呢，夜里发现早晨没的用了，打电话我立即赶到。不信你也可以试试。”

张洪伟的活儿多得做不过来，有时老婆也要帮他一起做，家中的地没时间管理，见同村有外出打工的，把土地转包给别人，收点现代“地租”，他也仿效，夫妻俩就守着那台粉碎机，风里来，雨里去。一晃五年过去，小张成了大张，他家的土坯屋也摇身一变，变成了全村最新潮最宽阔的砖瓦房。乡亲们吃惊地议论：“这个张洪伟真不得了，全世界的钱都让他一人赚了！”

大张一撇嘴：“你们这幽默可以玩到春晚上了。我赚这几个小钱，人城里人都瞧不上眼。只是咱们山沟太偏僻，还以为我致富了。这粉碎的活太脏太辛苦，我不想做了，哪个想接我的活，我六折转让出去。”

有人就拿话顶他：“大张啊，你脑袋瓜是精明了些，可毕竟也漏洞百出呢。当初办养猪场，要不叫大伙提醒你及早叫停，你现在不破产才怪。眼下粉碎这活儿，明明是独一份的技术，你打折干什么？粉碎九折，卖机器六折，你没算算，这个机器虽然旧些，可是用惯了的，大家都知道好使，再说，去外地购买，人吃马喂的，要多搭好些差旅费呢。”

大张哈哈大笑：“根本不是。实话说了吧，打消办猪场的念头我谁也不感谢，那是我故意玩了个把戏遮人耳目呢，目的就是给买粉碎机打掩护。”

“买就买呗，你何苦打什么掩护呢?”

张洪伟这才道出了事情的原委：“我一开始做的那些事业，虽然不见得件件正确，可也未必全不靠谱。咱老百姓有个毛病，就是爱扎堆起哄，我起个念头，准拥上来一帮跟风，结果弄了个饱和，黑锅还让我一人背着。想好了要干粉碎，可我担心大家看见我买，一哄而上买回个十台八台，结果哪个也干不成事，白浪费了一堆机器闲着。假如容我一人吃独食，那效益就比较可观了，就这。”

大伙这才明白过来：“怪不得你打折呢，这是良心发现，想回报乡亲们。”

“还是个错。”张洪伟说，“打折也是我的‘障眼法’。我做一回收一回钱，大家不觉得伤筋动骨，按劳付酬本是个情理中的事；可我攒到一年去收，那就有几十几百，零散养殖户甚至有几千块的，大家会感到不平衡在其次，主要是担心有人算过账来，干脆自己买一台，那我会断掉许多条赚钱路子……”

原来是这样！乡亲们感觉心理特别不平衡，大家聚一起议论，不能那么便宜了他。以往选村主任，投票时都相互串联一番，选各自家族或亲戚的人，说穿了，野猪毛沟这没什么油水的穷村官是家族操纵着捧上台的，巧了，村委会马上换届，大家决定换个思路，就选张洪伟当村主任，省得他躲在一边图清静，大把大把地往自己口袋里捞钱。

张洪伟这个外来户出人意料地当选了新一任村官。

当上村官事情多了，张洪伟主任就把粉碎这活儿交给老婆打理，名片上的广告词改了：“需要野猪毛沟村官亲自为您服务时，请预先约定，仍然24小时服务，加工费用不再打折。”

这回呀，许多养殖户渐渐形成规模，他们自己也买了粉碎机器，张主任那套机器老化落后，不淘汰也不中了，张洪伟只好一心扑在了集体上。

又是几年过去。张洪伟担任着支部书记兼村主任，他一眨眼一个新点子，带领村民们往前奔，专往钱上盯，野猪毛沟村成了全县的小康村。老百姓得到实惠，都说那回思路换对了，一个带头人，关他家族、亲戚什么事！张洪伟听了这话，一脸坏笑："当年我凭什么亮底牌？还不是煽动得大伙忌妒我，选我当村官。灵验了吧？我也曾打算公平竞争，当众发表竞选演说，可那样做，哪有人会信我的，岂不自取其辱。想想看啊，凭我堂堂'财迷'，这么一肚子歪点子，仅仅发挥在一个家上，资源全浪费了。"

违章阳台

为了上班方便,张二虎在自己上班的公司附近买了套二手房,那楼房很破旧,张二虎住的一楼后窗正面临一条偏僻的窄道,夜里随便有谁从窗外经过,踮起脚就能看到玻璃窗内的情形。左右邻居都在窗外搭建了阳台,既扩展了空间,又可以防盗防窥,唯独张二虎的窗户“光着腚”,只靠几根铁栏杆撑着,样子十分寒酸。张二虎想,过去寒酸也就罢了,如今它新换了主人,我一定填补这个空白。他趁公休日找来安装公司的人,折腾了两天,崭新的阳台搭建成功,凡事什么都讲究个新,张二虎的阳台鹤立鸡群,透出一股霸气!

张二虎腋下夹着包儿,上班前站在阳台前欣赏自己的杰作。这时,过来三四个着装的,七嘴八舌地议论:“这是谁家,怎么把阳台装上了?”张二虎立刻把胸脯挺直:“本人是这家的新主人。怎么样,给提提意见?”

“谁让你装的?”一位着装的问。

“我自己呀。”张二虎好不诧异,“我的阳台,难道会有别人来装?共产主义还没实现呢。”

几位着装的一见他这态度,一齐拉下脸来:“立即拆除!这些阳台距地面过低,影响市容,又妨碍行人走路,拆除通知下达过20多天了,你怎么置若罔闻?”原来这些人是城管的!

张二虎大呼上当!交易时,原房主没提醒他;安装时,邻居也没人开口。这刚找到感觉，又逼着拆除，张二虎心理上无法接受："我搭建时咋没人言语，刚完工，你们全冒了出来，损失算谁的？"

"周五下班还没发现，谁知道一个大礼拜你就做了？"城管们扔下一句"看着办"，就急忙上班去了。

为这事，张二虎窝了一整天的火。下班回来，左边"乒乒乒"，右边"梆梆梆"，各家果然都在忙着拆阳台。张二虎鼻子一酸，差点哭出来，没见过这么整人的，我刚搭建完连一天都没享用，又要拆掉，心疼钱不说，这面子也过不去呀。一咬牙，老子凭啥当软柿子，老子就是不拆，爱咋地咋地！撑了一夜，整条胡同的阳台全部拆掉，只张二虎一家，距地面一米多孤零零地抻出一块，这回不是鹤立鸡群，是金鸡独立！张二虎又上了一天班，回家一看，嘿，城管在他的新阳台外贴了一份"强拆通告"，说是此阳台限令周末拆除，逾期不拆，就由城管来人强拆，那时不但要张二虎承担费用，还要交纳罚金！

盯着那份"通告"看了半天，张二虎突然笑出声来，他这通告措辞有漏洞，"逾期不拆"，是逾多少期，一天还是一年？我且把灶具什么的全安置在阳台上，你长几个胆子，敢砸我的东西？就这么硬撑下去，等上级检查，还要罚他们城管的款，说不定他们会登门求我，那时我再拆掉，多有尊严！主意打定，张二虎把厨房挪到了阳台上。城管果然"言而无信"，挨过周末，差不多天天上门，请求张二虎拆除："拖得时间越久，罚款就越多，我们可是替您着想呢。"

这么磨下去绝非长久之计。张二虎万分委屈，就去附近一家小吃部借酒浇愁，边喝边把烦心事说给小吃部的老板娘听。老板娘坚决站在张二虎一边，可她也扭转不了张二虎阳台遭拆的命运。于是张二虎左一杯，右一杯，直喝到接近午夜，舌头僵硬话都说不囫囵了，才恋恋不舍地晃出小店。

外面下起了小雨，夜黑得伸手不见五指，张二虎借着零星几扇没熄灯的窗户透出来的光，拐进他居处那狭长的胡同。正走着，猛觉得腋下一松，接着一道黑影从背后擦身而过,朝前方飞奔!

张二虎的酒一家伙吓醒多半,他的包被抢跑了。张二虎喜欢把所有的钱全放在包里,哪怕理个发吃个早点,也要把一堆钱掏出来从中翻找零的,那感觉好爽好爽。眼下被贼人一锅端,他连阳台罚款都没得交啦!张二虎一声尖叫:“抓贼啦——”边喊边冲刺般地奋起直追,那贼抢走了他的全部家当,简直就是抢了张二虎的命!

张二虎这一嗓子,喊得声嘶力竭、惊天动地,那抢钱的做贼心虚,听到身后脚步声急,更加没命狂奔,窜至张二虎窗外,黑暗中没想到凭空里探出一段阳台,那贼脑袋“咣”的一声实实惠惠地撞到了阳台上,随着半声惨叫,抢钱的倒在了泥水中……

尽管没出人命,那贼却撞塌了半边脸。此人是个惯犯,非常狡猾,专候着夜深人静时抢劫单身妇女或者醉汉,等警察接到报案,他打一枪换个地方,绝对不在这一带出现,因此屡屡得手。这回没撞到枪口上却撞到了窗口上,估计下半生即使放出来,也非改行不可,毁容后无论在哪儿露面,都有人认得出。

张二虎跑完医院,又被带到派出所做笔录……天明红着两眼回家,气没喘匀,就一拖把将阳台的窗玻璃砸得粉碎:“我的妈,这若是换了角色,改成是警察骑摩托追赶凶犯,该死的阳台把警察撞倒……我张二虎就是想拆除这堵心的劳什子,都怕没有机会了。”

正式拆除阳台的时候,张二虎的心情渐渐好了起来:抛去城管的罚款、卫生费、垃圾清运费,张二虎尚剩100元,还夺回了被抢的皮包。这钱若是让贼给抢跑了,那才叫憋气!如今这整片小区居民,茶余饭后议论的都是违章阳台撞擒劫匪的故事,他张二虎一夜间成了名人。建这么个“半吊子”阳台,不过搭上区区千八百块钱,竟产生如此轰动的效益,换成别人,他想都甭想!

山旮旯里的黑学校

根据形势需要和经济的发展情况，某市早就明令乡下村屯的中小学全部撤掉，统一归并到乡镇所在地的中心小学，教师们经严格考试，合格的留用，不合格的另谋生路。这样做既节省了人力，又可以保证教学质量。可是，县教育局局长张国民一到任，就发现松树乡有个叫蘑菇顶子总共五十多户人家的小自然屯，居然还保留着一所黑学校，这还了得！张局长打电话问过情况，松树乡的教育助理解释：局长，那地方情况特殊，孩子们确实不能到乡里读书，何况用的又是个代课教师，先这么维持吧。张局长再一追问，代课的还是个年轻姑娘。姑娘？怪不得这教育助理百般袒护，这里面是不是另有隐情？一个小小的山村小学治不了，他还当什么局长！张国民决心煞煞这股歪风，五一休长假，他招呼也没打，自己花钱雇车，直奔那个蘑菇顶子屯私访去。

出租车司机告诉张国民，蘑菇顶子归红沟村管辖，但从那里要步行十五里山路，如果绕到另一个驮龙村，则只要翻一座岭，可以省一半的时间。张国民今天算是铁了心，他吩咐司机就去驮龙。下了车，他顺着一条踩得锃亮的毛毛小道，直奔山顶。好家伙，这一座山，他花了一个多小时才攀到顶，往下一瞅，山这边地势更低，雪白的梨花李花开得正艳，花丛中掩映着稀稀落落的茅草房，张国民连滚带爬地下了山，敲开了一家的柴门。

开门的是个老汉，跟看外星人似地打量了他半天，突然返回屋里，拿出一个二踢脚点着了。“砰——啪！”二踢脚飞上天空，张国民想，他认识我？用这么隆重的礼节欢迎我呢。正疑惑间，就见山坡上跑下七八个鞋上沾着湿泥的农民，个个镢头在手，凶巴巴地问：“你是上级派来的大干部，来毁我们学校的吧？”

原来那二踢脚不是欢迎，是给村民们报信，这怎么跟当年对付日本鬼子似的。张国民一看这架势，知道他过问学校的事已经传了过来，农民法制观念差些，好汉不吃眼前亏，他赶紧编瞎话：“不是，我……是写书的，来看看咱们这儿的学校。”。

“学校？”老汉叹了口气：“这也叫学校，谁看谁笑掉牙。不过，若不是素花姑娘能吃苦，连这样的学校也没有了。”

原来教师叫尹素花。听听这土气的名字，她能教出什么学生，分明是误人子弟嘛。张国民迫不及待地要看看学校，老汉往山坡下一指：“还是走集体时盖的两间草屋。既然不是搞破坏的，大家还忙去吧，走，我带你去。”

来到“学校”跟前一看，张局长差点跳起来：两间草房作教室，土墙旧得眼瞅要倒塌了，分明是危房，出了问题，他这个局长还当不当了？连个办公室都没有，屋里都是七歪八扭的破桌凳，黑板有的地方都露出了木头色，这光线，孩子能不近视吗？张局长气得浑身发抖，死守着这黑学校不放，这个乡的教育助理究竟想干什么？

“老大爷，学生就坐这样的窄板凳，不硌屁股吗？”

“这样的窄板凳，也是素花姑娘带着孩子们做的。板凳不结实，有时候正上着课，突然就有跌倒在地的，素花姑娘不容易呀。”

正说着，就听一阵叽叽嘎嘎的笑声，从西山坡飞下来一群七大八小的孩子，个个衣衫不整，红领巾都系得马马虎虎。孩子们跑到张局长面前，不约而同地愣住，望望张国民，又一齐回头。这时，张国民看到一位穿着朴素的村姑，手中甩动着一束野花，也走了过来。姑娘脸色晒得有些黑，但仍然掩盖不住那青春的秀美，不用问，这就是教师尹素花了。

见了张国民，女教师礼貌地点点头，问候了一声，就一挥手，让学生们进教室。张国民看见孩子们分成四堆，坐满两间土屋，主动拿出课本，声音洪亮地读起了课文，各读各的，外人听起来一锅粥，可孩子们大约惯了，谁也不干扰谁。

张国民还是说自己是写作的，来这里就是看看。

尹老师吃惊地说："作家？这穷山沟子还会有作家来？"可是，她连个办公室都没有，哪里讨杯水给客人喝呢？

"你备课怎么办？"张国民问。

女教师歉意地笑笑，备什么课啊，她在这里当了九年教师，从来不知道教案怎么写，她一人教四个班，复式的，忙得脚打后脑勺儿，回家还得批改作业，哪里有时间走那种形式呀，好在，她不想转正，也不必应付那些考试，只要孩子们能学到知识，成绩差不多就可以了。

简直是开玩笑！张国民强压着没发作，教师不备课，只要求学生成绩差不多，这能叫学校吗？

"我称呼您张老师吧。"姑娘笑了笑，"刚才是带学生们观察山景，写作文呢。对不起，我现在要上课了，明天放假，今天要做的事多，中午到我家吃农家饭，行吗？"

张国民真正长了见识：这位女教师左手指点低年级，右手在黑板上替高年级写板书，布置下课堂作业，又过通道去隔壁那间教室上课，这才叫脚打后脑勺！张国民可以肯定，全县的教师，没有一人能胜任这样的工作，也没有一人能吃得这样的辛劳！他隐约对这位年轻的姑娘产生了敬意。如果她学识不错，应当调入县城工作，就凭她这种敬业精神，真难得呀。

时间紧，尹素花没机会跟张国民说上几句话，直到饭后，张局长才从老汉的话里得知，原来这小学没有法定假日的，一到农忙，孩子们得放假回家帮助父母种地，有时候在地里干活，天突然下雨了，居住在二里地内的孩子，穿着湿衣服就跑了来，老师临时组织他们上课……这里气候晚，刚刚春耕，昨天下了大雨，地里进不去人，所以劳动节瞅机会上一天课，明天，就又放假回去种地了。

“所以一到冬天，我有时一天上十几小时的课。”尹老师说。

“这屋子没个灯，山沟里日短，你怎么上课？”张局长奇怪地问。

“哈哈哈哈！”姑娘笑得前仰后合，“作家想象力受到挑战了吧？这里虽然是山区，可林业政策不允许烧木柴，冬天弄个炉子，烧灌木那是不现实的，这教室坐不住人啦，中午吃饭没发现吗，我家大得很，孩子们坐热炕头上读书，天黑了，点汽灯啊。这山沟没电视，我搞了台柴油机发电，定时间组织他们看黑白新闻，同学们不知道社会发展到什么程度了，即使念完书，也是呆子啦。”

小小年纪居然有这份心思，张局长不自觉中被感动了。

天已黄昏，孩子们记下作业，跟老师再见。老师带张国民来到她房后的山坡上，诚挚地说：“张老师，求求您如实写一写我们的学校，别让上级给掐掉，孩子们不能没书念啊。”

没书念？完全可以到乡中心小学住宿嘛，难道他们能不读中学？

尹素花摇头头：“你们城里人哪知道乡下的苦啊。从前，这里没学校，有的孩子渴求知识，翻山到驮龙小学读书。然而，一次碰上雨天，有个孩子滑到壕沟里，摔折了腿；还有一次，有个孩子被狼咬掉一只胳膊，现在快四十岁了，连媳妇都没找上。”尹素花的眼圈红了：“所以，当年我的老师一咬牙，办了这个学校。张老师，现在除了我本人考试可能不如大学校的老师，可我的学生，在全乡十几个村级小学统考，还拿过前三名呢。”

张局长百感交集，他现在已不知道自己这次来，到底要解决什么问题了。

放学后大约一个小时，张国民听到东南方向的沟岔里清脆地响起二踢脚的声音，没多久，西南的沟岔里也响起一两个同样的响声。怎么，发现他是个假作家，又有人报信了？张局长正暗暗吃惊，就听尹老师长出了一口气："孩子们平安到家，咱们可以回屋里谈了。"

一直陪在身边的那位崔老汉冲张局长炫耀地说："这爆竹报信，是尹老师的发明。咱们小屯五十户人家，稀稀拉拉住了三条沟，孩子们家远，她亲手给制了这东西，遇上狼，点爆竹给家长报信儿；到了家，点一个爆竹，老师就知道平安了。"

张局长真的是感动了，他哪里知道他领导下的大山沟子，还会有这样一位年轻美丽的姑娘，煞费苦心地替四五十户零星居住的村民教育他们的子女呢，他发现自己误解了乡教育助理，不由一阵内疚。

"尹老师的工资是多少？"

"还是叫我小妹或者素花吧。"姑娘红了红脸："我的工资呀，一月四百多。我不在乎那点钱，其实我一年卖柳编，就可以赚工资的几倍。"

挣这点钱，反而如此热心敬业？县城的教师月薪一千五六百了，有好些人多干一点事，就叫苦连天呢。

崔老汉一跺脚："上面那些混蛋官儿，要掐我们的学校，以为素花贪图赚这点一脚踢不倒的工钱呢。你见过她的手艺吗，全沟里没人能比，有老板来花大价钱请她去当技术指导，做一年赶上一辈子赚的啦，人家素花不去，怕孩子们没书念。"

张国民说："如果上面硬砍这所学校呢？"

尹素花说，硬砍了，谁也没办法。但是，孩子们顶多有五分之一去乡里读书，剩下的，只能失学。上面检查，编个假数字应付呗，然而，新文盲却在这块土地上存在着……只要不把这学校当非法组织对待，她宁可不赚工资，也要坚持几年。

“小妹,你今年……”张国民动情地问。

“二十五虚岁。”

“有男朋友吗?”

姑娘笑笑:“没有。这地方没合适的,去外地找不到,我准备再干三年。咱村有个高中生毕业回来,他答应接我这摊,那时候,我尽量出去挑一个不恶心的,嫁掉算了。”姑娘面有难色。是啊,山沟里没有这么大年纪的姑娘了,将来的幸福,她哪有时间考虑啊。

“我跟你们县长认识,我可以帮忙,把你调到县城。”

“真的,您认识县长?”姑娘眼睛放光,但说出来的话却出乎张局长的意料:“那您跟他说说,别掐掉我们的小学,这里的山民们搬不了家,孩子却要读书呀。”

“尹老师……不,小妹,现在有时间了,我想去看望一下你说的那位老师。”

“我老师……没了。”姑娘的眼泪刷刷地流下来。

那位老师就是崔老汉的侄子,有一天,课上到很晚了,他送沟里的学生回家,哪想到,回返的路上,遇上了狼……第二天人们找到他的时候,只有零碎的骨头和撕烂了的衣服!那时候尹素花正读师范,差两个月就可以毕业分配了,听到噩耗,毅然放弃学业,挑起了老师肩上的担子。

“我明白了,尹老师。”教育局长冲尹素花深深地鞠了一躬:“我就是崔大爷骂的那个混蛋官儿张国民啊,我必须连夜赶往红沟村,实地探查一下这条路。请放心,这所学校决不能砍。”

得到局长的承诺,老崔头乐呵呵地又放了俩“二踢脚”,好家伙,村民立刻带着家什,从沟沟岔岔喘吁吁地赶来!崔大爷说,近几年禁猎,狼逐渐多了起来,咱好不容易盼来一个好官,可不敢让狼给吃了。

张国民走到村里，这才知道，他打算帮小屯修条哪怕是简易的路，简直是异想天开。这条通往外地的所谓路，其实是一条洪水冲刷出来的山涧，就算修了路，一发水，还会变成山涧！

这年暑假，张国民组织教师自费到蘑菇顶子开了一个现场会议，全县五千多教师到了三千多。来到驮龙山下，他指着巨大的一堆砖瓦说："这是我自己的捐助，现在请求大家帮我运一些。"他带头背上了四块砖……教师们还没背到岗顶，红沟的、蘑菇顶子的、驮龙的村民们都闻讯赶来，背砖瓦的队伍排成了溜儿。

张国民握住尹素花的手："感谢你给全县教师上了一课。尹老师，到县城去工作吧，解决你的婚姻问题。两个月后，新教室竣工，我会派最好的教师轮流下来执教锻炼。你为党教育事业奉献了青春，难道社会就应当忘记你吗？"

尹素花，这个坚强的山里姑娘，此刻哭得满面泪水！

生态村官

不和谐的音符

这年秋收结束，锥子沟村委会要在半月后换届。对这事，村民们觉得连悬念也没有，都说："那还有谁？肯定还是他蔡老三一肩挑呗。"

蔡老三那是锥了沟的"人拇指"。20年来，他一直当着支书兼村主任。锥子沟背靠原始森林，是个很偏僻、很贫困的山村。但贫困归贫困，山沟人团结、和谐，日子照样过得有滋有味。乡政府提前半月派于助理等人过来召开村民大会，也就是例行公事地宣传一下，其实选不选，村主任都是蔡老三的。蔡老三就在会开到结尾时说了句："下届这村主任谁爱当谁当，我是死活不干这操心赚挨骂的营生了。"

蔡老三哪回换届都要来上这么一通推辞，也跟例行公事似的，大家也都例行公事似的劝他，说些为人民服务之类的话。可蔡老三这回像来了劲："真不干了。有人背后捅我的刀子，说我占着茅坑不拉屎。"嘴上这么说着，可老蔡心里话，这山沟一筐木头砍不出个楔子来，吓死你们，也没人敢伸头当这个村官。

谁知这时，人堆后突然有人咳嗽了一声："一个不足400人口的村，屁大个事，值得拿来捏去吗？实在没人干，我干！"这人扔下此话，扭身就走。

蔡老三吓了一跳，定睛一看，原来是寇点子，背后地里说蔡老三占着位置不作为的正是此人，也就他，关键时候敢跳出来唱几个不和谐音符。于助理也认得，喊他大名道："寇文秋，你给我站住。这么不负责任地搅和，想破坏选举吗？"

寇文秋站住，斜了于助理一眼："你帽子扣得不小呀，那你就以违反宪法罪把我铐起来呀！我看你这是欺骗群众。刚才当着这么多人的面，还鼓励大伙别有顾忌，要畅所欲言。我只说了这么一句不当真的话，你就搬出宪法来恐吓，如此虚伪，你还有脸代表乡政府说话？"

于助理一下子被噎得两眼翻白，这小子此言极有杀伤力，真让他没有反击的心理准备了。

寇文秋见于助理发愣，又说了句："走咧。"把门一摔，留下一串响亮的脚步声！

到了这地步，蔡老三也没法下台，对于助理摇摇头："你瞅瞅，这刺儿头连你们乡领导都不放在眼里，我这村官怎么当？他要当，就让他当吧。"说罢，也扭头退出会场。

提起寇文秋，蔡老三吃饭都得省一碗。这寇点子30多岁还光棍一条，算是窝囊的了。农民嘛，以朴实仗义为处世理念，可他寇点子酒桌不亲，麻将不打，行动独来独往，走路低头数石头，整天尽琢磨怪点子，哪像个庄稼人？俗话说，仰脸老婆低头汉，大伙说，这种人难斗。哪想到他前年走了狗屎运，买奖券中了一大笔钱，不但盖上两层小楼，又赶上有位村民重病，声称要把20亩耕地一次性转包10年，价钱便宜得让人淌哈拉子，但谁又掏不出这笔钱来，只好让寇点子给捡了去……寇点子乘人之危的做法，山里人大都不以为然。所以，寇点子跟蔡老三叫板，蔡老三压根不在乎，他决心要把这戏唱到底，便对于助理说："寇点子当众叫号，够嚣张的。他必须当着大伙的面向我赔礼道歉，不然，我这挑子撂定了。"

蔡老三以为这么一叫板，就凭寇点子这么多歪心眼子，不会不知道众怒难犯，一定会当众赔个礼，说自己信口胡说，蔡支书也就借坡下驴。哪知道，于助理从寇点子那边回来，耷拉着脸，说寇点子说自己没错，坚决不道歉，另外还让于助理捎话，村主任是要大伙选举的，并不是谁想夺就夺了去，蔡支书怎么连这点自信都没有啊。

蔡老三气得一巴掌拍在烟灰缸上："选。他不怕丢人，就正大光明地参与竞选，群众最知道好歹！"

蔡老三无论如何也想不明白，锥子沟姓蔡的占多半，选举村主任就跟选个族长差不多，本家们哪回不投他蔡老三，姓寇的总共就两三户，寇点子根本没有当主任的本钱，他痴心妄想丢这个人，图的是什么！

轻易"政变"

选举正日子眨眼就到。蔡老三胸有成竹，凭他这些年的威望和本家的优势，期间他又亲自挨家挨户跟选民们做了不少沟通，大伙不可能投寇点子的票，结果这主任还不是他蔡支书的？

于助理首先当众承认自己那天失言，请大家原谅，然后宣布，既然寇文秋同志提出愿意竞争村主任一职，那就请大家投票表决。然后就要分发选票。话音未落，寇点子伸手制止住了："我可并没答应要参与竞争呀。现在领导把这想法强加到我头上了，那我不参与还叫什么男子汉呢？可是我话得先撂在前头。"这小子平时话不多，今天突然变得滔滔不绝："乡亲们，我若是当上村主任，首先要为大伙办两件事。头一件，财务公开。从我当选开始，凡上面来人，吃喝费若花村里财政一分钱，我寇文秋头朝下走出这个村子。去年蔡三爷吃掉多少，有账可查，这笔钱有几万块，我给照数省下，到了年底，按人头分给大伙。第二件，今后我每次开会必给大家好处，要不，我就不麻烦大伙。明年这时候，要让大伙都承认占了我的便宜，如不兑现，我那幢小楼卖掉，按人口分钱。”

蔡老三暗叫“邪了门”，自己掏钱为集体招待上级的人，开会还给与会者好处？这小子想官想疯了，他小子若是选上了，不破产才怪！这样想着，只听寇点子还有话呢：“以上两条，我当场跟大伙签协议。我也有条件，大伙选我得拥护我，哪个不听我指挥，那我就撂挑子，这后果责任得他负，包括蔡三爷。”

蔡老三一拍桌子站起来：“你这是贿选！”

寇点子嬉皮笑脸：“三爷，您别气坏了身子，我充其量算个竞选演说。贿选哪有摆在桌面上的？像您老人家挨家串联、许愿那才叫贿选。您要是不敢面对大伙的选择，我退出就是，何必呢。”

这一步好比象棋中的“将不出门”，蔡老三气得脸色煞白：“投票，我服从选举结果！”

这寇点子意犹未尽：“那我还要补充一点，虽然三爷说他不干了，那是玩笑。大伙如果选他，他还是愿意继续干的。”

哎哟把个蔡老三气的呀，这浑小子像是把他蔡老三当众剥光，搞得他一点退路也没有！他暗暗发狠，等选举结果出来，我看你怎么收场！

法定的时间到，于助理只能宣布投票。结果出乎蔡老三意料，寇点子得票率超过了八成，眼睁睁让他当上了新一届村主任！

寇文秋眼泪在眼圈里了，不住地向大伙作揖：“乡亲们如此高看我，文秋若不把锥子沟搞出个名堂来，这脑袋宁愿揪下来给大伙当尿壶！”蔡三爷转身想走，却被寇点子高声拦住：“三爷您别走哇，我这个村主任，还在党支部领导下，支持还是不支持，你好歹得表个态吧？”

蔡老三直气得眼前一片金花乱舞，他恨寇点子，更恨那些当面答应投他的票却临时变卦的村民们，哪想到这场“政变”进行得如此容易呢？他深吸了一口气，才稳定住情绪：“支持。怎么会不支持？只要你不违法，党支部坚决支持。”

这样该行了吧，可寇点子没完：“感谢三爷和党支部。可我还有话说，官场上大都是后任维持前任的政策，我要是也那么办，还换届干什么？我得对您从前的领导方法做大手术，您支持不支持？”

“我会不欢迎你进行改革吗？”蔡三爷说，“你敢揽瓷器活，必有金刚钻。只要把村子治理好，为乡亲们谋来福利，我不光举双手赞成，这个书记也要让给你当呢。”

这天，蔡老三那寒气胃一宿没闲着疼。按街坊辈，寇点子得叫他一声三爷呢，没想到这么容易就“篡了位”！他恨恨地想，这个孙子，你往后可得仔细了，只要错一步，哼，我让你想哭都找不到坟头！

歪点子系列

蔡老三让出村委会主任的位置，耳朵眼睛却一直跟着寇点子，他不相信寇点子会比他高明。

蔡老三乡政府有人呢，消息很快就反馈过来。寇点子上任第二天就去了乡政府，跟乡长书记说，自己决心把锥子沟搞成富裕村，唯一的要求是上面别总派人去检查这检查那了，穷村子没钱供饭。乡长一听先火了：“你小子害怕检查，是不是有什么怕人查的猫腻？你不供饭拉倒，我们自带干粮去！”寇点子挨了骂，不羞不恼，还一个劲地道谢，说领导体谅下面，他一定以优异的成绩作为回报。

蔡老三差点顶着屋子笑起来。人家要带干粮来公干，不是讽刺是什么？他寇点子听不出好歹来还感谢，这不是痴呆是什么？这时，老伴从外面跑回来告诉他，寇点子的女朋友薛小芳跟他好一顿吵闹，然后，头也不回地离开了。

那还用说？寇点子中了奖，有了房子，才招来女朋友，这回房子都抵押出去，说没有就没有，人小芳不跟他黄，怎么会对得起他？蔡老三幸灾乐祸，忙告诉老伴过去安慰一番，实际是把寇点子的痛苦当成胜利成果享受。这时，却听寇点子在大喇叭里喊话，告诉大家，说是他从外地请回来夜校教师，要求每家男女两户主必须轮班听课。凡上课者，只要能回答上简单问题，证明你确实没在课堂上睡觉，那就每人发劳务补贴50元！

乡亲们以为多难的课程，怕拿不到劳务补贴，个个提心吊胆地听课。可人家教师只讲些种地使用化肥、农药的害处，下课前的提问更是容易，只要能答上"化肥、农药长期使用，对健康不好"就当场领钱。这下子把大伙乐得，都说村主任选对了，选着个财神爷！

支书蔡老三起初不屑一顾，第二天他也沉不住气了，吩咐老婆："50元不赚白不赚。你先听去，哪天我也去！"就这样，全村300名男女成年人，5个晚上全部轮完一圈课，有老婆的家庭白捡100元。寇点子咧着大嘴笑："还有好事。大家回去，如实把今年的产量，分门别类给我填了表报来。也不白让你们劳动，一份表格20块。记住了啊，你若是想多报或者少报，大伙的眼睛亮着呢，若看出破绽，钱可就没有了。"说完，让会计把报表发下去。

连听课、填报表都给钱，这近3万块呢，寇点子他当真是病得不轻呀。支书蔡老三恨得牙根儿痒痒，这不是彻底寒碜他这位前任领导吗？但人家自掏腰包，谁也管不着！

蔡支书这边气还正生着，村民们填报表的钱都领完了，就听寇点子又宣布召开村民大会。蔡书记知道拦不住，寇点子亲口承诺开会必有好处，哪个会不来听听呀。果然，还没到点，放露天电影那块空地上，人挤得满满登登，比放电影都齐！蔡书记当然要参加会，还被请到前面，坐在一条板凳上。寇点子见人齐了，清清喉咙，说这次开会，不给现金，然而却要给大家谋更大的福利。

更大的福利！蔡老三听得心惊肉跳，这小子确实是疯了！上任这才几天，折腾出去近三万，如今又要再加码，难道他要提前把小楼分掉？那往下这戏他还如何演？演不下去，这村主任的位置怎么夺去的，还得怎么送回来。

蔡老三这样想着，耳听寇点子宣布了一条新规定，锥子沟村这些年养成了恶习，农闲时节，睁开眼就知道聚一块赌麻将，这个恶习要改掉。他寇文秋承诺要让本村三年脱掉贫困村的帽子，五年内成为全乡最富的村，如果实现不了，那小楼就是大伙的啦。但这承诺需要大伙配合，从今天起，任何人白天不许在家猫着赌博，他已经联系好了乡政府、中小学、敬老院，还有养牛场、养羊场等许多单位，老少爷们可以去那里清除厕所粪便，降雪后，运到各自的田里……寇点子最后说："禁止赌博，可以减少家庭夫妻间的争吵，提高村民的素质，促进全村邻里间的和谐，这本身就是福利，但哪个若是不领受，却就怪不得我了；第二，咱们上回请专家讲课，都知道化肥、农药的害处，所以，明年我要在咱村推行生态五谷种植，禁止使用化肥和农药。哪个人若是现在偷懒，到明年吃亏的还是他！"寇点子颁布完他的土政策，还自以为是地炫耀："怎么样？咱全村农田约2000亩，每亩地化肥、农药至少150块，总共那叫30万，我寇文秋一句话就都给大家省下了，这福利小吗？"

听到寇点子这番疯话，蔡支书差点要蹦起来。你号召积肥没错，那要有个自愿的前提。化肥、农药怎么了，国家允许生产，那就是允许使用，它增产增收，利大于弊，莫非你没看焦点访谈节目？有多少政府强行干涉村民们种植自由的事件，都被无情地曝光、揭露出来，我倒要看看，你一个小小村官有什么资格胆敢下这样的禁止令？

当天晚上，蔡老三就去一些亲信家走访。大家也觉得寇点子这话不靠谱。不让买化肥农药，再怎么忙活，农家肥肯定还是不够用，必定会减产的，这损失他寇点子负不了责。这些人商定，先让他寇点子做一冬好梦，明年春耕，化肥农药该用照样用，他寇点子敢阻拦，咱拿政策给他叫板，那时不但罢他的官，还得分他的楼！

不认输不行

一个冬季很快过去。听话的村民把自己田里运满了优质肥，蔡老三身为书记，不好公开跟寇点子对着干，就推说年纪大干不动，只做了点表面文章，他们暗地里把农药化肥运了回来，这些年用惯了化肥，土地板结，一旦离了化肥，庄稼定会大幅度减产，别说富裕村，干脆讨饭去吧。

眨眼春暖花开。这天，锥子沟开进来四辆轿车，坐的是寇点子特邀的贵客，省城某粮油经销公司的董事长代表。来干什么？跟全体村民签约。寇点子这才揭开谜底，所谓听课、填表的劳务费，一分钱没用寇点子出，全是这家公司支付的，为的是今天这次签约。前些日子他寇文秋已经统计了村民自填的去年收入报表，全村共有农田2000多亩，年产毛粮160万斤，抛除化肥、农药等费用，净值120万元。如禁用化肥、农药，再没有农家肥的话，产量连一半也达不到。也就是说，不含农家肥因素，村民要损失60万元。

寇主任说："现在就把这60万元亏损提前补贴给愿意签约种植生态五谷的村民。前提是，种植、秋收全过程由公司派人监管，打下的粮食由公司以市场价格的3倍全部包购。当然，哪位仍然坚持使用化肥、农药，你只要不签约，我是不敢干涉的。"

蔡老三一伙就打算用化肥、农药跟寇点子对着干，感觉姓寇的没本事推行他那个生态五谷的馊点子，哪料到人家会走出这样一步杀棋！寇点子那60万元的价值只是个理论数字，山区村民不会算计，打下的粮食除了自己吃掉、还要喂牲口，全村卖掉的余粮连10万元也没有，不然怎么能叫贫困村。每年春耕，家家户户口袋里没钱，都苦着借钱、货款买化肥、农药，而眼下如果签约，非但不用投资，每家还平均有近2000元的现钱，到秋天收的粮食还给3倍的钱，这好处傻子也不会放过！所以，一天不到黑，协议顺利签完。

蔡支书只好咬着牙夸奖寇点子这主意好,也领到了2000元的补贴。

这一天,锥子沟比过大年还热闹。家里备足了粪肥的人喝醉了酒,跑到街上扭秧歌庆祝,他们不单白赚到补贴,粮食照样增产,秋天卖3倍的价钱,哪个不庆幸听了寇主任的话?而那些偷懒怠工抵制寇点子号召的村民打掉了牙往肚子里咽,都后悔当初不该盲目跟着蔡老三走,没有农家肥,地里减产是注定的了,眼看着3倍的高价格,到时候却没粮卖,他姓蔡的有能力赔偿吗,他自己还不知道冲哪里哭去!

蔡老三给弄得灰溜溜的,恨那个浑身上下长满心眼的对手,却又不得不佩服人家就是棋高几招!然而这地里没肥,那不是眼睁睁的损失吗?家中的化肥农药烂在手里却不敢用,因为协议上白纸黑字,公司派来监督的人虎视眈眈,一经发现,那惩罚是受不了的!

蔡书记一筹莫展,急得拿脑袋撞墙。寇点子又在大喇叭里检讨上了,说都怪自己没能力彻底说服大家,让几户人家减少了收入,作为补偿,他已通过有关渠道,收购到一些地沟油,廉价卖给缺肥的村民当肥料用。蔡老三本身是个优秀的庄稼把式,他怎么会不明白,地沟油若是食用,确实对身体有害,可当肥料用,既增产又肥田!蔡老三在一片欢呼声中羞愧万分地领到了购废油的指标,心里也不得不佩服,寇点子呀寇点子,你小子好心眼坏心眼一样多,我蔡老三还真得高看你一眼呢。

这一年恰巧风调雨顺,知道粮食是3倍的价钱,村民们照顾得格外精心,虽然没有化肥农药,锥子沟并没大幅度减产。寇点子提醒村民:“咱种的是生态五谷呀,总价值360万!大家信我的好不好,咱穷人暂时吃不起这么奢华的精品,一粒不留,全卖掉吧。”他给村民出了主意,从外地“进口”平价粮做口粮,至于牲口饲料,他联系购买回一批廉价的陈化粮代替,仅这一笔,就给锥子沟省了几十万块钱!

现在寇点子根本不用号召积肥,早在伏天农闲时,人们就开始从树林里倒腾腐殖土肥田,到外地打工的劳动力也被叫回来积肥……村民们正拿着存有卖粮钱的银行卡左一遍右一遍地看呢,大喇叭又传来好消息,所有的庄稼秸棵一律不许像往年那样就地烧毁,寇点子已经与奶牛场签了合同,对方以高价收购,因为喂生态秸棵可以提高奶和肉的质量和价格！锥子沟有史以来没人听说过玉米秸和稻草还能换钱,这不是拿馒头往油里煎嘛。寇点子还告诉乡亲们,今年是第一年,粮食中仍然有少量化肥、农药的残余,构不成正宗的品牌;明年,公司会将收购价再涨一倍。他已经通过正当渠道,申请注册了"生态五谷"的商标,三年后,他们收获的生态五谷可以直接打入市场。上级不是明令禁止干涉农民的种植品种吗,他寇文秋偏偏背道而驰。兹决定,明年开始,为便于公司收购和今后销售上的方便,全村种植品种要统一规划,如有标新立异者,后果自负。村民们确实不情愿哪个人来硬性干涉他们的种植计划,但更不情愿失去市场价格6倍的粮价！大家伙串联起来,一起找寇点子请求:"主任哪,您隔三差五给我们开个会吧。我们不再要工钱,还给您发高薪行不行啊?"

紧要关头看人心

寇点子上任的第三年,他跟那家公司重新签署了协议,锥子沟的粮食涨价到原价的10倍。"生态五谷"已经让他注册了商标,并且很快将形成品牌。如果不按照这个价位收购,他将独力经营锥子沟的生态五谷。到了此时,寇点子才向大家透了底,如今人们的养生意识提高了,城里有钱人多的是,锥子沟的生态五谷在公司的宣传运作下,均价已达到10多元一斤,最贵的经精心设计成礼品装,单价超过了30元,难怪公司肯出这么多钱跟寇点子合作。

锥子沟的村民们一下牛了起来,许多人嫌干农活累,索性从外地雇工来帮忙。寇点子更是忙得脚打后脑勺,他两眼瞪得鸡蛋大小,狠歹歹盯住不让外地粮食“入境”。著名穷村锥子沟一下子暴发,惹红了外地人的眼,他们千方百计试图把粮食弄进来,掺到生态五谷中卖高价。寇点子在会上扯着嗓子吼,锥子沟的生态五谷品牌,要紧的是保护,要真的出现害群之马,从外地偷运进粮食掺杂谋利,或者是偷偷使用化肥,生态五谷必然坏了名声,那可就一蹶不振了。村民们异口同声地喊:“寇主任不用担心,哪个要是敢坏咱的风水,全村人一齐往他家院子扔石头!”

这年秋收大忙季节,镇上来了工作组,纪委楚副书记带队,当晚就召开村民大会,当众宣布,有群众举报,寇点子涉嫌收受贿赂和以权谋私。举报信上说,这寇点子的小楼和他所谓中奖的故事,全是他编出来欺骗群众的。寇点子看到锥子沟的种植优势,感觉有利可图,就找到那家公司,用三寸不烂之舌说活了那老总的心,他指山卖磨,预先从公司拿到了一大笔钱,又是造楼,又是用来收买人心……这些钱羊毛出在羊身上,还不都是从所谓生态五谷的价格里扣的?楚书记冷笑道:“你寇主任让镇里的人背着煎饼进村,你多廉洁呀?岂不知钱你赚着,清官你当着,好人全你一人做了,你把党支部放在了哪里?”

寇点子脖筋蹦得老粗:“楚书记,话不能这么说。实话说了吧,那公司老总跟我沾亲,不然,我就是说破了天,他会来投资吗?因此,那钱应当是他资助我的,就算是我拿的回扣,这也跟廉洁、党支部什么的扯不上关系吧?”

楚副书记说:“扯不扯上关系,那要用事实说话。请你配合一下,跟我们到镇里接受调查,假如举报信是子虚乌有,组织上会还你清白的。”

寇点子一脚踢翻了椅子:“眼下马上要卖粮了,这时候弄我走,你什么意思?”

“什么意思,你得问组织去。”

正僵持,门开了。蔡老三披着棉衣走了进来,他这几天生病,在县城住院,听到消息特地赶了回来。蔡老三盯着楚副书记看了足有10秒钟,问:

“你要带走寇主任,党支部怎么不知道?”

楚副书记没想到蔡老三这时候回来,更没想到这位对寇点子一包意见的他会偏袒寇点子。吭哧了半天,说:“他不是党员,跟党支部无关。”

“既然不是党员,怎么劳动你纪委领导?我感觉,纪委是管党员的吧?”

这位纪委副书记业务水平有限,一时居然语无伦次:“寇文秋凌驾于党支部之上,所作所为全是他一意孤行……”

蔡老三对寇点子意见大着呢,如此一点拨,他还会执迷不悟吗?会议室里紧张得点火就着。

“错。”没想到蔡老三出语惊人,“你刚才说的那些,文秋主任全跟我汇报过。本村党支部5号召开的会议,集体认为,文秋同志那点所得太少了,锥子沟还要给他重奖,奖励寇主任,让他娶个媳妇,然后带领大伙奔小康。支委们说话呀,开过会没有?”

在场的支委七嘴八舌:“是5号开的会,大家一致通过的!”

其实此事的内幕寇文秋和蔡老三都不清楚。邻村村支书跟寇点子沟通,希望把他几户亲戚的粮食偷运进锥子沟,夹杂进生态五谷里出售,承诺一半的好处费给寇点子,遭到寇文秋的严词拒绝。寇文秋事后忘记了,那位支书却恼羞成怒,央求亲家楚副书记帮助收拾寇点子。老楚挖空心思找出寇文秋这些短处,没想到,让蔡老三轻易化解。蔡老三拍拍裤子上的褶子:“楚副书记,责任全在我,需要调查什么,我跟你走。眼下售粮的紧要关头,动我们主任,那就是要配合假生态粮混进本村,性质恶劣着呢,你可不要上坏人的当啊。”

楚副书记一行只好灰溜溜地离开了。

寇文秋一把抓住蔡老三的手,握了又握:“三爷,我的好三爷!您根本没开支部会,这样撒谎,不怕楚书记知道了报复您吗?”

蔡老三哈哈大笑:“傻小子哎,三爷确实是糊涂过一阵子,但不能总犯混呀。你把一个穷村，弄成全市的致富标杆，这能力，别说三爷，就是全国几个人有？三爷这年纪的人，不怕报复，我正想要求辞职呢。会虽然没开，可支委们沟通好了，立即上报发展你加入党组织，今后这支书担子由你来挑。我再占着茅坑不拉屎，那还算个人吗？”

寇文秋堂堂五尺汉子，据说长这么大没掉过泪瓣瓣儿，此时，他紧紧抱住蔡支书，号啕大哭……

去敲幸福的门

怎么就高兴不起来呢

村民黄亚兵伤好以后，性格变得古怪无比，出院后，几次要自杀，幸亏被邻居及早发现，才免于一死。这事连镇长都惊动了，镇长亲自上门百般劝慰，这才打消了他自杀的念头。然而，黄亚兵整天阴着个脸，活像全世界的人都欠他钱不还似的。

黄亚兵为什么厌世轻生呢？只因他所在的村落遭遇了一场震惊全国的大灾难，本来其乐融融的一家三口顷刻阴阳两隔，他的媳妇和女儿被夺去生命，黄亚兵自己也失去了一条腿。这飞来的横祸砸到哪个的头上，他也受不了，难怪他整天总琢磨寻死觅活的事！

镇、村两级领导担心他真的出事，千方百计在抚恤这方面多照顾他，村子不能住了，领导在新村位置当街选择一处最好的地，给他盖起了一幢两层小楼，并扶持他开起了一家“幸福饭庄”。这儿是通往国家级著名风景区的必经之处，公路改道后，恰恰从新村子当中穿过，浩浩荡荡的旅游车队总有停在这儿吃饭的，幸福饭庄不愁没钱赚。邻居们没有不羡慕妒忌的，都说，正在热播的一部电视剧叫《幸福来敲门》应在黄亚兵身上了，这幸福正敲他家的门呢。也有人说，老黄真会用苦肉计，这一哭一闹，好处就来了。

这话传到黄亚兵耳朵里，老黄拖着条假腿，满大街好一通骂："谁他妈的有屁去茅房里放去。幸福敲我家门？敲个屁！谁眼馋我这倒霉点子，也让他家死几口试试！"这一通骂，邻居们都噤了声，远远望见他，赶紧绕开走。这样心态的人，谁敢与他打交道？

按说黄老板真是个做生意的好材料，他的饭庄两层共有10多张桌，坐满那有一百几十号客人，他跟谁有意见，唯独不想得罪人民币，于是，与导游们友好合作起来：导游把客人带到他这儿吃饭，他暗地里悄悄按人头给回扣，这样，黄亚兵薄利多销，一天几拨下来，至少都有上千元的纯收入。也就晚上数钱的时候，黄亚兵才有点笑模样。

不过这笑容一瞬间便消失了，老黄一股无名火总压在心头，还是见谁烦谁。那些服务员见了他，简直就是老鼠见了猫，稍有过失，就被骂得狗血喷头。那怎么不离开呢？幸福饭庄生意火，老板脾气不好，但工资不少给呀，灾区找个赚钱的地方容易吗，所以看在钱的份儿上只能忍受。不但服务员，黄亚兵对喂饱他饭庄的顾客上帝也动不动就抱怨，看着人头攒动的客流，他时不时地冒出幸灾乐祸的话："没事在家待着多好，跑出来穷折腾，纯是让钱给烧的，这种人不宰他宰谁？活该！"村民们见状，都说黄亚兵没救了，他一定是得上了抑郁症。

别怨邻居们背后说三道四，就是黄亚兵自己也纳闷了：亲人死了哭不活，这道理他懂。过去贫困现在富裕，他自己还买上了残疾人专用的电瓶车代步，一日三餐想吃什么吃什么。过去，他低三下四地给人打工，现在他当上了老板，想训谁训谁……那么，自己为什么就感觉不到幸福呢？他恍然大悟，问题出在厕所上！

原来背后有黑手

幸福饭庄两层楼就一间厕所，男女共用，谁进去谁插门。哪个旅游的饭后不上厕所呀？按一人一分钟计算，上百多人轮一周，就得俩小时。遇上一蹲半天的，那卫生间门外跺着脚排队的摆成一条长龙，真好比抢购紧俏物资来了。黄老板一拍脑门，有了。

连图纸都不用画，黄老板马上雇人开工，在饭庄右侧盖两间平房当卫生间。他眼珠一转，接通两根塑料管子，一根把屋后的小溪引过来，连厨房洗菜洗碗的用水都解决了；另一根直接把污水排泄到屋后的小河中……嘿，瞧瞧他设计的这卫生间，连水费都省了。

黄老板盖厕所为的是方便游客？错了。不为钱，他活着岂不更没意思了吗？旅客上厕所的时候，他开着电瓶车，亲自往新厕所大门口一坐，收费，进一位一元。嫌贵的，屋里的免费，有耐心可以排队去。但凡旅游的口袋里是不差这点钱的，何况近年自驾游的日益增多，游客自己带吃带喝的，却无法自带厕所，只能跑这儿来搞一次微型消费。好家伙，这厕所开张头一天，就收入五千多块，顶好几个幸福饭庄的进项，而且还不用操心。这人民币跟房后的小溪一样，哗啦啦直往黄老板的钱匣子里流。

邻居们真的是看不下去了，背地里议论，这黄老板真真的是老谋深算并且心狠手辣，他原先要死要活那全是装的，为的就是发这笔横财。可直到现在他仍然说不幸福，那良心纯粹是喂了狗。

这话自然又传到了黄亚兵耳朵里。他现在没心情去骂大街，他争分夺秒地看厕所赚钱，奋斗目标是像赵本山那样，将来买个飞机玩。话是这么说，可黄老板一天到晚心里还是憋屈着，究竟为什么呢？可能是目标实现要好长时间的原因吧。黄老板正愁找不到发泄对象时，他感觉不对劲了。哪里不对劲？一夜之间，他的收费厕所生意冷清，几乎没人来光顾了。

难道这些人突然修成正果，不需要排泄了？黄亚兵仔细观察，哟，许多游客吃完饭，急匆匆地直奔村子南端。黄老板连忙启动他的坐骑，尾随出百十步，只见马路右边矗立着一个指示牌，箭头后面写着“免费公厕”，再往前走，眼前出现新盖的一长排简易厕所，内里虽然有些脏，但不收费呀。就听游客们边方便边南腔北调地称赞，主要意思黄亚兵还是听得懂，说这厕所的主人真是修善积德，而饭庄那边收费的老板良心比墨汁都黑！

黄亚兵气得眼前一片昏花。这是哪个丧良心的，跟他这个苦命的残疾人过不去？可怜他煞费苦心，好不容易想出了收费厕所这一来钱的路，并且已经投入了不少钱，还没怎么回本儿呢，就败在这连防震棚都不如的简易厕所跟前了？黄老板开着电瓶车，南端北端一通观察，鼻子气到了耳朵跟前，他发现镇子南北各50米处都竖立着钢管焊接的大型提示牌："注意，路边有免费厕所！"这免费厕所必定迅速传开，他的收费厕所不但将颗粒无收，迟早会有人知道他"连体买卖"的内幕，恐怕连饭庄的声誉也得受影响！

怪不得心里老感觉压抑堵得慌，敢情是有小人时刻在与他作对。眼前这人盖厕所不收费，他图什么？除了接下来配套盖饭店，用这种收买人心的方式拉客，抢他黄老板的饭碗，绝不会有第二种答案！

厕所的后侧有一道刚刚开挖的水沟，还扔着许多工具，说明没完活儿。好嘛，这个对头一定是妒忌我赚了点钱，他白天不敢露面，晚上搞工程找我的麻烦！黄亚兵决定晚上来抓个现行，看什么人，是何居心在背后下黑手。他老黄反正残废了，按说这叫只剩下了半条命，对方好说好商量便罢，要是胆敢撒泼耍横，大不了跟他拼个你死我活！

不信斗不过你

吃过晚饭，月出东山。黄老板把相遇后的所有细节都考虑周到，然后带上几名员工去了那免费厕所。

果然不出所料，远远的，就听到人声嘈杂，十几个男人在趁着月色挖渠道。原来这些人担心白天影响游客如厕，趁夜间来挖沟，为的是把粪水引到远处囤积，以便作肥料用啊。好一个精打细算的对手，不但赚钱，连粪肥都不放过！老黄清了清嗓子，威严地喝问："这工程是谁做的？"

话音刚落，一个躬身劳作、满头白发的老头儿抬起头来，讨好地笑着，操北方口音："哟，是农家饭庄的黄老板吧，怎么有时间指导我这点小事了？"

"不敢，是请教。"黄亚兵清了清嗓子，破例地赔起笑脸："您老人家干这事，有审批手续吗？"

"手续？"老汉哈哈大笑，"我在自己的地里盖个简易厕所，为大伙行点方便，一分钱不图，还要哪个审批？"

一分钱不图，你哄鬼去呀。黄亚兵心里骂着，但他脸上依然强装着笑，他招手让老汉停下来："老人家，我怎么会不知道您下一步的宏伟蓝图，咱也别藏着掖着。您接下来肯定要盖饭庄吧？有什么困难吱一声，老侄子会首当其冲跑在最前面，这样偷偷摸摸，有些拿我当外人了。"他双手递上一支软中华，压低声音："有钱大家赚嘛。您这样做，类似于不平等竞争……"黄老板的策略是先稳住对方，搞个统一战线，双方联手垄断了本村的餐饮业，钱照样不少赚。

老头子摇摇头："谢谢，我不吸烟。首当其冲和跑在最前面是一个意思，黄老板说重复了。你看我这把岁数，一个孤老头子，每月领着退休金，钱根本就花不了，还开什么饭庄。我修这公厕，就是方便一下大伙。"

"原来你是领工资的呀？这就是你老头儿的不对了。"黄亚兵终于忍无可忍、故态重萌："你衣食不愁，发扬点风格这个不难。可是你风格了，我就受害你知不知道？你看，我现在这个样子不说，我老婆和闺女全没了。现在不过是赚点钱找找心理平衡……你可倒好，弄啥子免费厕所。手拍胸膛想一想，你下得了手吗？"

黄老板振振有词，他算定了这一席话肯定把老家伙噎个两眼翻白，然后，老老实实地听他摆布。谁知老汉没开口，一个帮助干活的小伙子沉不住气了，从水沟里跳上来："姓黄的，你怎么说话？你知道这些干活的是怎么回事吗？程老伯出钱购置材料，我们全是义务志愿者。”

黄亚兵这才仔细辨认，水沟里正干活的，大部分是本村村民。好嘛，这个领着工资学雷锋的老汉捣乱不算，你们竟然合起伙来欺负我！黄亚兵一下子从电瓶车上栽下来躺在泥地上发了泼：“两条路。一条是当场打死我，反正我活着也天天不开心；另一条，马上把这厕所扒掉。”

“要是不打也不扒呢？”刚才那位好像是来自别村的小伙子反问。

“那你们当中哪个迟早也得尝尝失去亲人的滋味。”

这一句，把所有干活的人全激怒了：“姓黄的，你诅咒谁？”

另一种活法

那位被称作程老伯的老汉一摆手，示意小伙子们不要说下去。他冲黄老板很勉强地笑了笑：“年轻人，我也没有多大的恶意，就是一份良心回报。”他抬手朝村子旧址方向指了指：“咱们受灾的时候，除了党和政府，还有全国人民都无私地支援过咱哪。多少家的楼房被毁，现在都搬进了漂亮的新居，这里面包含着多少无私的援助和心血呀。如今，全国各地游客都经这里旅游，他们是我们的福星，其中就有慷慨解囊帮助过我们的恩人，到我们这里上个厕所都收费，于心何忍呀？”

“你这是指桑骂槐地敲打我呀。”黄亚兵急了。

老汉又摇了摇头。他告诉黄亚兵，开始见他建厕所，满以为是饭庄的配套工程，方便游客。待发现黄老板收费的行为以后，虽然认为是给灾区人脸上抹黑，但考虑他是个残疾人，盖厕所总要花钱的，也感觉理解。本来盼望他把投资赚回来能见好就收，哪知道黄亚兵贪得无厌，他只好用这种办法进行阻止。

“你是饱汉子不知饿汉子饥。”黄老板简直是咬牙切齿了：“你有国家养着，我呢？我搭上了两条人命，你呢？”

这时,好几个小伙子跳了起来:“姓黄的你放狗屁！这大灾大难,哪家没受到伤害？你知道程老伯失去了几口人吗？四口。他老伴、儿子、儿媳和孙子全部遇难。你知道老人家的儿子是怎么牺牲的吗？他身为武警领导,只顾奋力在现场救人,直到献出生命,他家中的亲人被活活埋掉,他都没有时间去看上一眼哪……”

经过小伙子们七嘴八舌的诉说,黄亚兵这才渐渐明白了程老伯的来龙去脉。他原来是山东人,老伴过来哄孙子,不幸遭遇地震,全家四口人都走了。老汉的儿子被泥石流永远地掩埋在山底。现在,老人家定居在这边,为的是与家人长相厮守……

什么？眼前这位老汉就是那位烈士程教导员的父亲吗？他眼前闪过风雨夜遇救的一幕。他黄亚兵压在一截房梁下又被砖瓦掩埋,就是程教导员带着两个战士,怕伤着他黄亚兵的皮肉,工具不敢用了,三名武警官兵用双手扒开砖瓦,用肩膀扛起房梁,硬是把黄亚兵从阎王爷鼻子底下给抢了回来……没想到,就在当天的下午,程教导员牺牲在救灾现场……从出事那天到现在,黄老板一合上眼,总是看见教导员的样子:他衣衫不整,满脸泥污,左脸挂着凝固的鲜血与污泥和在一起……

黄老板内心一阵哆嗦。伤好后,他先期只顾厌世自杀,现在又挖空心思忙着赚钱,哪里顾得上关注程教导员还留下一个孤零零的老父亲,并且为了完成儿子的遗愿,风烛残年还在做公益事业。相比自己……拖着一条假肢不方便,他还是缓缓跪了下来:“我说我怎么活怎么不开心,原来是灵魂深处有块病在折磨着我,现在我找到了。程老伯,不,爸爸,您让我这么称呼您吧。您儿子和他的战友救了我的性命,您老人家又救了我的灵魂。我愿意跟您老人家一道,继承教导员的遗志。”

黄老板把他的新爸爸接到了自己的家,同时取消了收费厕所,并中止了向小河排污的行为。他按照新爸爸的设计,雇人把厕所的粪便及时输送到远处,用来种植纯绿色庄稼和蔬菜,由幸福饭庄全部收购。由于奉献给游客的全是绿色食品,幸福饭庄远近闻名,生意更火了!

黄老板一反常态,脸上总是挂着笑容。村民们都说,亚兵就是换了个人儿,大家争着与他接近。这时,有位漂亮的女孩欣赏他是个有良心的男子汉,主动追他,两人很快确定了恋爱关系。

记者登门采访,黄老板得意洋洋地说幸福体会:“人完全可以选择另一种活法的呀。都说幸福来敲门,你也可以主动去敲幸福的门嘛。程爸爸就是这样教导我的。现在我算是尝到了甜头,这奉献良心,比数钱的滋味好多了!”

跟老爸较劲

首战失利

彭大志没想到找工作比当年考大学难得多，找了半年，还是没着落。老爸劝他："回来跟我学修车吧，有饭吃，有酒喝就行呗，啥工作不都得是人干的？"

大志挺烦他爸。妈妈去世多年，老爸从厂子下岗回来，在家里开了个自行车修理铺，门口的路边就是"车间"。瞅瞅爸爸那双手，除了茧子就是油污，长年累月见不到真模样，他睁开眼就两件事：修车、喝酒，还非常满足。不能容忍这既脏又累的活儿一代代传下去，大志说："我要当老板。这半年我一边找工作一边考察市场，觉得搞饮食行业我有把握，建设胡同有家小吃店急着外兑，我若是拿过来，保证赚钱。"

"赚钱那是一句话的事吗？"老爸一边喝酒一边反驳他。

大志把自己的打算一五一十全摆了出来："爸，您得借我本钱，最多两年，我肯定还上。人饭店是有急事低价外兑，错过这机会，我会后悔一辈子。"

"赚钱？"老爸喝的眼睛有些发红："家里总共就5万块钱，你想把它们败光吗？你当真能赚钱……"他把酒杯往桌上一墩："我这酒就戒了！"

这么伤人自尊！彭大志知道老爸，酒是他的命呢，他宁可戒饭，也不可能舍得戒了酒！

“爸，这可是您说的！”彭大志伸过手，跟老爸击了掌：“不是要，是借。明天我就搬出去，两年为期，赚不到钱，我决不回来见您！”

“你再回来要钱，我可是没有了。我就等着你回来砸我的酒壶。”老爸只顾低头喝酒，头也没抬。

第二天，彭大志带上钱，兴冲冲地直奔那家小吃店。在胡同口，大志遇上老爸的好朋友胡叔叔。大志跟胡叔叔说了兑小店的事。胡叔叔赞同道：“好哇，你当老板，以后我会常去捧场。不过，价钱得狠些砍，不能他说多少就给多少。叔叔也做过几年小生意，经验还是有点的，要不我陪你一块去吧？”大志笑着说：“我自己的事自己做主，不用麻烦胡叔叔了。”

大志的计划成熟而周密，他只涨了点工资，就把原来的厨师和服务员留下，省去了招聘员工的时间。小吃店兑到手，隔天就开了张。大志的同学、朋友多的是，把小店挤得满满登登。大志可不是一般的年轻人，他不断提醒自己，这小老板其实就是个打工的，许多事要亲自动手，营业上要讲究薄利多销，诚信待客，加上他的朋友总来捧场，人气十足，小吃店搞得热火朝天。

眨眼三个月过去。彭大志忙得脚打后脑勺，可账面上总是不赚钱，饭店的生意也一天天冷淡下来，有一天，甚至只有胡叔叔一人来坐了坐。大志急得嘴上起了泡，顾客不来，他总不能去街上硬拽吧。

借老爸的那笔钱，除掉兑店成本，加上物资积压等，大志的资金捉襟见肘，赶上房东上午来催讨下个季度的房租，厨师和服务员下午就要大志给结算工资，大志急了：“你们俩整天坐着没事，工资差几天难道不行吗？”

厨师冷笑：“谁愿意干坐着？老话说，兵败如山倒，这个店是没指望了。你赶紧把工资给结了，否则，别怪我们搬走你的锅碗瓢盆。”一番吵闹，两个员工把工资结到手，头也不回地走了。

房租没着落，手里缺钱周转不开，彭大志感觉到了压力。他跟房东一次签下两年的租赁合同，还差21个月，仅房租一项就是6万多，他这样硬撑下去，不赚钱事小，房租这一项就够他受的。顾不了许多，彭大志马上贴出了外兑启事，先把本钱抽出来，再想下一步吧。

启事贴出去不久，就接连来了三个有意接手的。一提价钱，差点把彭大志的鼻子气歪：他花3万块钱兑来的小店，人家最多只给9000，也就是说，他虽然找到了接替交房租的主儿，但马上就得亏损2万多元！现在大志进退维谷，扔不出去，守不下来！

彭大志忽然想到，这些日子朋友、同学都不来了，大家赊欠的钱，也有近万元，收回来救急，小店仍然可以维持一阵，说不定就会柳暗花明。他连忙打电话，可同学、朋友不是说再等几天，就是电话关机。大志真的被逼进了死胡同，一咬牙，给老爸打电话，看他能不能救他吧。

哪知道老爸一接电话，就大着舌头说："这么快就通知我戒酒了？"

大志强忍着说："爸呀，我资金遇到了困难，您再帮我想想办法，最后一次……"话没说完，就被老爸打断了："彭大志，你听着，回来帮爸修车，要不你待着玩也中。就是一件，要钱没有，我不是说过了吗？"

彭大志气得摔碎了一只盘子，有生以来，他头一次喝进去一杯白酒，坐在板凳上呼哧呼哧地喘粗气！

这时候，胡叔叔过来了，一看外兑启事："哟，这老板不想当了？"

彭大志就像见了亲人，眼泪刷刷地流了下来："叔叔，我已经尽了力。谁想到这么倒霉，本来打算把这不赚钱的饭店照本钱兑出去，另辟蹊径寻求东山再起，可是，那些奸商乘人之危，要9000元白捡我的，您说我可咋办呀，我老爸看我笑话呢，他可能把掌声都准备好了。"

胡叔叔叹了口气："你老爸是不对，可你朋友好，他们怎么不来帮你啦？"

"别说了。"彭大志恨得直咬牙："当初有吃有喝，捧我是'柴大官人'；现在见我落了难,一个个全躲进耗子洞里了。”他去厨房抓起一把菜刀:“我不想活了,今晚找他们说道说道!”

跌倒能否站起

“站住!”彭大志一只脚刚迈出门口,却被胡叔叔一嗓子喊了回来,“拼命是窝囊废的表现。我问你,你当老板赚钱的话,是不是成心吹大牛要骗你老爸的?”

“怎么可能呢。”彭大志委屈地说:“我爸爱喝酒,倔,可我也不能骗他呀。”

胡叔叔帮助大志分析失利的原因。兑这店时,大志没请胡叔叔去帮助砍价,头一天谈价钱时,人家都说了那是最低价,少一分钱免谈,他觉得做人要仗义,出尔反尔不是那么回事呀,其实那钱花得冤枉了。大志买菜大手大脚,胡叔叔也提醒过他要货比三家,但大志认为,眼睛盯在针头线脑上,怎么会有出息……大志的朋友们常来,确实给饭店带来人气,然而,这些人黏糊起来没完,大志还总去凑趣,常常把客人挤到了别人家。“大家把你捧成‘柴大官人’,你就赊账、免单,我敲打过你,你好像烦我鼠目寸光。大志,你的经营理念没错,敢想敢做,我跟你老爸是没法比的,可就是细节上有漏洞。”胡大叔说,这儿丢点,那边漏点,小本经营怎么抗得了如此折腾?

对呀,假如平时不大手大脚,抛除兑饭店的成本和朋友占用的钱,他不算太赔呢。“要说这小店贬值,全贬在它经营不好,假如让它火起来,3万块钱还抢不到手呢。我真有决心让它换个样子,可惜……”

“好小子。”胡叔叔说,他还有几万块钱的积蓄,愿意拿出来,只当风险投资。他还马马虎虎做得小菜,索性到这饭店掌勺:“不过话可说在前头,我必须定期监管账目,赚到钱,你得给我分红。”

这意外的惊喜让大志浑身是劲:“叔叔放心,我知道该怎么做了。我保证给您高红利，工资也不会低于前任厨师。”

“听听，老毛病还没改呀，一激动，又大手大脚起来。”

彭大志不好意思地笑了。

一大早，胡叔叔走马上任，发现彭大志起来大半天，小店收拾得干干净净，几种粥煮好了，高压锅里还煮了满满一锅新鲜的带皮花生，炉子上煮着茶蛋。胡叔叔好奇地问：“你搞这些东西做什么？”大志认真地说，这是新琢磨出来的项目，经营得好，每天就可以多赚30多元。他还打听到北广场批发菜便宜，每天又可以省10元以上……胡叔叔哈哈大笑：“小老板学会过日子了！”

彭大志像变了个人，芹菜叶子，萝卜皮……全让挤兑做成了小咸菜。服务员取笑他：“彭哥真抠！”大志严肃地说：“我不抠行吗？人胡叔叔把钱借给我，担多大的风险！让他失望，我往后如何做人？”

很快，小吃店再次火了起来。这天收工，胡叔叔问：“大志，照这么干上两年，你真就赢了你老爸了……”

大志说：“不。我反复思考，再过一个月，春节来临，就是淡季，应当借红火的表象，把这个店兑出去，然后，找家规模大些的，才能施展开来。”

胡叔叔大笑：“到底是大学生，还知道看表象。你要是有机会炒股，说不定也是高手。”

很快，彭大志就以高出原价5000元的价格把小店出手，用这笔钱低价兑过来一家经营不善的饭店。春节到了。胡叔叔问大志：“你不想回家看看老爸？”

“不。”大志颇为难，“我一进门，我爸肯定会说，是不是砸酒壶来了啊？您说我拿啥话答好。”

“也好。”胡叔叔赞许地说，“等做出个样子，再给他个惊喜。”

“我迟早让我爸当面承认，他错了。”彭大志胜券在握地说：“春节正常营业。”

也算歪打正着，小城市的人仿佛一夜间也改变了观念，年夜饭到饭店吃，接待拜年客人，也不愿意在家忙活。许多大饭店休息，大志忙得推不开门……胡叔叔眉开眼笑：“大志呀，扶持你，当初真选择对了！”大志感激地说：“没有胡叔叔您的帮扶，我半年前就破了产，现在可能是街头瘪三了！”

大志的饭店一旦火起来，趋势不可阻挡。担心让胡叔叔失望，大志不敢松懈，一心扑在事业上，研究饭店的管理和经营。眨眼到了下一个春节前，大志把几扎百元大钞堆在胡叔叔面前：“叔叔，您已经看到了，饭店现有资金完全可以正常良性运转下去了，这些是您的本金、红利和工资，剩下的，就算是红包答谢，您一定要收下。”

“大志果然有股钻到底的韧劲儿啊。”胡叔叔赞叹道，“知子莫如父，你老爸眼光好毒！”

“我爸？”彭大志不屑地说：“他老人家盼着我一败涂地，好回去向他负荆请罪呢。没想到，老人家的酒壶真要砸了。后天除夕，我就回去看望他，瞧他如何表示。”

“孩子，你老爸半点没看错你。你的确聪明有余，自负也有余。你知道吗，你这几步走过来，正是你老爸一直在背后搀扶着你呀。”

什么？大志简直糊涂了：胡叔叔本来酒量小，是不是一高兴，喝大了？老爸压根儿瞧不起他这个儿子，怎么会背后扶持他，又是在哪儿扶持的？

老爸呀，老爸

胡叔叔说：“做生意，你有天赋，可对于社会和世情，你知道得太少了。你也没想想，我不过是你爸的朋友，就算有钱投资，我可能跟你这初出茅庐的孩子合作吗，那都是你老爸的钱！”

“不对。”大志直摇头，“既然有钱，我借时他为什么不松口，难道我会把这笔账赖掉吗?”

“唉,你呀。”胡叔叔一番话,道出了实情。

原来,大志提出要当老板,老爸担心儿子经验不足,故意说只有那点钱……戒酒的说法,纯粹是激励儿子破釜沉舟把事情做好。见大志果然有失误,老爸总结出了病根,要害是儿子拿他赚的钱不够珍惜。最后逼出这法子,拜托好朋友胡叔叔出面唱这个红脸……

“你不用监督你爸,他的酒已经算是戒掉了。”胡叔叔告诉大志,为了多给儿子积累点后续资金,当老爸的白天把接到的活儿抢修完毕,夜里又另找一份给人守摊子的工作。怕就怕一不小心丢了东西负不起责任哪,这种时候,就是给他酒,他哪里还敢喝呀?胡叔叔还说,他那带录像功能的手机,也是大志老爸给他配的,胡叔叔每天录回一小段大志的影像,老爸总是看啊,看啊……

知道了事情真相,彭大志一下子呆在了那儿。老爸呀,老爸,为了儿子的成长,你那颗苍老的心都操零碎了,可是做儿子的却总是奋不顾身地想去赢得那次打赌,什么时候想过他的感受?

不能再等到后天了,彭大志立即亲自掌勺,做了几样炒菜装入保温瓶。他今夜要去陪老爸一块儿守摊子。他知道,老爸最得意的,就是把酒烫得热乎乎地喝。他烫了一壶酒,贴肉藏在怀里,那温乎乎的感觉,让他一下回到小时候:爸夜里搂着他,就像他紧紧护着这酒壶……

怕他不认真

周宏利有段日子整天折腾在希望与失望之中,可以说是度日如年,他这是怎么啦?

周宏利是本市小有名气的作家,他在群众艺术馆工作了二十多年,业绩突出,在领导和同事中那真是有口皆碑。但是,老周的命运不好,每到涨工资或者评先进时,他偏偏因某种原因落选。老周想,先胖不算胖,后胖压塌炕,我平时吃小亏,将来有大实惠时,就是轮,也轮到我老周了。果然,这一年,他到底迎来了好机会,上面下拨几个副高级职称的名额,他周宏利够申报条件!

馆长在动员会上详细宣读了申报的条件,最后强调,无论你软件硬件多么充足,有一条是必须过关的,那就是有职称的人,英语必须过关。咱们所有具备条件的没一个懂英语的。怎么办?人事局办培训班,每人只要交纳相应的费用,就可以脱产到培训班学习。狼多肉少,这个大家心里谁没个数呀,把部分人挡在英语大门外,将来省得费口舌呀。人事局这回一定是认了真。

认真?周宏利盼的就是这两个字,他就怕上面不认真。单位有申报资格的几头蒜肚子里几滴墨水,他老周可以说个个了如指掌,不管学什么,他学一天,起码可以顶别人学一星期的。考吧,凭成绩说话才公平,他老周怕的是不认真。

周宏利交了钱,加入到培训班里去,可是一到那儿,才知道人事局完全是为了捞钱,哪有个像样的老师呀?老师上面讲课照本宣科,学员在底下各忙各的,中午,都喝得一塌糊涂,除了请假就是睡觉,像这样,即使学到死,也不可能闯过考试关呀。周宏利有些糊涂了,人事局难道不注意自己的形象,这些学员考得乱七八糟,明年他这班怎么办,去哪里捞这笔钱去?

看着同事们稀里糊涂的样子,周宏利暗笑:让你们混日子,将来有你们好看的。他天天祷告:人事局呀,我的青天大老爷,您这回一定要认真,只有认真,才有公平可言。

很快迎来了考试。一个消息把老周惊得目瞪口呆:上面突然网开一面,说申报群众文化系列职称的,因专业特殊,可以考古文代替英语!这都哪跟哪儿的事呀,周宏利百思不得其解。一位女同事取笑他:"怎么样,瞧你那股悬梁刺股的劲儿,是不是以为稳操胜券了?你没动脑子想想嘛,人事局办这种班的目的是什么,他当然有办法自圆其说。考你的古文去吧。"

古文就古文,周宏利冷笑了一声:虽然我让人事局耍了一回,但是,古文恰恰更是我的强项,是雌是雄,咱考场上较量!

周宏利终于坐在了考场的课桌上。

刚坐下,就进来三位胸前戴着红标签的成年人,一男二女。标签上分别注着副监考和监考。三位往前面一站,说:"今天这场考试,可能对各位的命运大有影响,希望大家珍惜这次机会,一定要认真对待。"周宏利听得这个舒坦呀,对呀,这叫知识分子,不认真了得?宣布完毕,副监考退场,由监考老师发卷。周宏利一看,哇,这题太对他老周的心思了,他答起来不费劲,那些不学无术的同事们,你们哭去吧。老周高兴得全身微微发抖,活该他扬眉吐气,别说本单位,就是全系统算,夺取高分的除了他,再没第二个!

周宏利把试题大略游览了一遍,拿起笔刷刷答卷。就这个题量,规定的两个半小时,他一个小时足矣。然而事情并非像老周想象的那样顺利,他刚答完一小部分,前面一位女考生就回过头来,声音挺大地问:“周老师,那孩(陔)下歌的作者是谁呀?”

周宏利依稀觉得此人面熟,却不知道人家怎么就知道了他姓周!他偷眼看前面的监考,这么大个人,让人提出批评可真没意思了。但是,人家两位监考坐在前边嗑着瓜子低声聊天,根本不往这边看。周宏利清楚,如果不告诉她,那这卷子就休想答下去,只好低声说:“项羽。”

“下雨?”那考生瞅了一眼窗外的雨,“我没问天气,我是问……”

这时,周宏利故意放大了声音:“我是说,那作者是西楚霸王项羽。”

这一声,全场人都听见了,监考老师也站了起来。周宏利暗暗庆幸,好,他现在不再怕监考老师批评了,他巴不得挨对方训几句,这样,可以借口不敢违反考场纪律,就可以安心答题嘛。

谁知道那老师朝周宏利友好地笑了笑,然后,像是对全场考生说:“没关系,像这样的题,就是让我抄,我都不知道答案在哪。机会只有一次,哪个过关还不好?谁心眼会那么坏呢,是不是。”

周宏利只觉得眼前发黑,大脑霎时一片空白。谁那么坏?我。既然可以随便抄,你们装模作样地考什么试,干脆收完报考费发证得了。老周委屈呀,他满肚子学问半点用不上,但是,他不能抗议和反映,那样,他就成了一个害群之马。这时,前、后、左、右纷纷探过身子,有看他答卷的,有问他题的,甚至有伸手拽他的答卷想直接拿过去抄的!老周简直要崩溃了,他干脆冲大家拱拱手,声音大得隔壁都可以听到:“你们这样乱吵,我都蒙了。我先答完再讲行不行?”这一声起了效果,后面有一位考生主动帮他维持秩序:“大家耐心些,周老师答不完,大家想抄也抄不到了。”

于是考场静下来,有的人干脆不答了,专等老周最后解疑难。

老周手里答卷,心里却静不下来。这样考下去,他毫无优势可言,那个副高指不定落在谁头上呢，想想本馆有位正高，连年终总结都写不好，周宏利感觉心底一阵悲哀，就这么办吧。

老周急匆匆答完卷子，粗略算了一下，怎么也有85分以上。不答了，我就是答得再完美，这样的考试纪律，还不是水涨船高，资源共享，凭什么？他皱着眉头告诉监考老师，说自己突然犯病，坚持不下去了，想交卷。两位监考这时却认了真，她俩看了看表，说，再稍忍耐一会儿吧，考场有纪律的，人事局局长亲自发过话，不超过一小时，不许放人出去！“你出去，我们没法交代呀。”

好不容易又等了一会儿，周宏利到底被放行。他决定把试卷亲自送到监考老师手里，心想，这回总行了吧。哪知道他前面那位女士比他行动还快，监考还没接住，就被她半路截了去。老周此刻像是只无助的小兽，傻傻地站在那儿，直到监考提醒他：“赶紧去医院吧，还等什么？”这才憋着一肚子委屈，冲进了大雨中……

事情过去了好几天，周宏利突然碰上一位新华书店的老学究。他见了老周，非常友善地打招呼，又说到那天考试的事：“你怎么偏偏在那关键时刻生病？你那答卷我参考了点儿，不过，你有三个空6分题没填，我帮你写上了，秦朝三公是太师、太傅、太保。”

什么？我的老夫子，周宏利的汗当时就下来了。他当场没答上，回家就查到答案，是秦三公丞相、太尉、御史大夫，谁让你瞎认真？笔迹不同，等于在试卷上留记号，万一主考单位这回认了真，试卷是要作废的！当晚，老周喝多了酒，睡梦里哭，把老婆都吵醒了：“求你别这么认真了！”

几个月后，成绩颁布，自然参差不齐，唯独老周是零分，人事局终于认了回真。

老周跟馆长说明冤屈，请求能否跟上面说一下，给自己个机会，那考试纯粹是走过场的，说明不了任何问题。馆长盯了他半天，说：“这话你自己说去吧,自己得了零分,反说考试不认真,没说服力呀。”

后来,老周发誓,终生不申报职称。但这也挡不住别人工资噌噌涨呀,更可气的是,有人背后嘲笑他:“如今这年头,信什么也别信宣传。咱市群众艺术馆有个作家,古文考了零分,他怎么寻思着答来着?”

姨妈的技巧

表妹韵秋高考成绩遥遥领先，把姨妈高兴得说话都变了调。姨妈跟我说，韵秋报考了清华国防生要体检，还要谢师，当妈的不出头说不过去了。她的小水果店想请我照看几天："好办呀，只要别让人认为黄铺了，只要别让人把你都买走就算完成任务，怎么样，帮姨妈一回？就三天。"照看一个小店，对于本研究生来说，真是小菜一碟。可我留了个心眼："姨妈，您一天大概营业额是多少？"姨妈回答，那没准，多的时候过千，遇上倒霉的淡季，500也是它。有了这个底线，我雄心勃勃地当上了临时老板。

小时候卖过野菜和瓜子，接待顾客我不会怯场，你买什么我收什么钱，不就是看好货物记好账嘛。姨妈的小店不大，除了水果，还有饮料和香烟什么的，我眼睛瞪得溜圆，每一笔账都记得清清楚楚，我可不能让哪个捡了便宜，那岂不是对我智商的嘲讽？哪知道辛辛苦苦忙活了一天，双腿站得生疼，结算时我傻了眼，营业额只有360多块！

这不对呀。我不但尽力而且清白，没拿姨妈一分钱，可姨妈说，她倒霉时"500也是它"，我怎么差那么多？我把当天营业中每一个细节认真回忆，没有漏洞。也许今天是创纪录的倒霉？它怎么偏让我遇上了？如实跟姨妈汇报，姨妈很高兴地说："挺好。完事时姨妈好好谢谢你。"

第二天客流似乎多了点儿，但买的都是小份儿。我急啊，假如姨妈不在场时,我打破她的营业纪录,那才是研究生水平。可任我再急,顾客不进来我还能上大街拽去?更让我生气的是,有些人拉开门,冲我看一眼就转身走了。什么意思?本小姐相貌、风度在大学里有口皆碑,至于给吓跑了?胸口堵得慌呀,堵到晚上一结算,嘿,比昨天还要少10多块!

姨妈仍然那话:“挺好挺好。完事时姨妈好好谢谢你。”

“可是我耽误您赚钱了。”我感觉好没面子,“您都上千,我这……”

姨妈拍我的肩膀:“卖不出去,不有货在嘛,你又没给扔了。孩子,你不能跟姨妈比,姨妈干多少年了。”

姨妈这话逻辑性有些欠。我想,这不是书法、体育什么的,您干多少年顶啥呀,莫非拿秤杆算计人?这我可不敢。我把希望寄托在最后一天上,顾客上帝,你们给我点面子好不好呀,我心里祷告着,只恨时间过得快。然而到了晚上,不用结算也知道,这最后一天是最少的!

一天可能是偶然,三天应当说明问题了。我经营上没露破绽,那肯定是姨妈玩了小技巧。生意人小心眼,担心我贪污她的钱,故意横那么高的标杆制约我……疑人不用,姨妈也太那个了。

我当姨妈的面叹气:“死不瞑目呀,我没发现哪儿错了。”

姨妈说:“姨妈做了20年,当然比你有技巧。反正你放暑假,明天现场观摩一下?”

当然。要的就是这话,我倒要看姨妈她如何把“过千”的谎言给圆了。

第四天,我紧随姨妈去了小店。我若是落了后,担心她作假,比方说刚才卖出去多少多少。哼,我这研究生也不是白读的。

刚开门,进来一个中年人,那双眼睛漫不经心往摊床上扫。顾客大都这德性,他就是心里想买,也摆出一副不屑一顾的样子来摧垮你的心理防线,这三天我算是领教了。看姨妈能伸手去他兜里掏钱?

姨妈立即站起来,满面春风:“哎哟,老顾客了,您总是照顾小店的生意。红光满面的,最近有大喜事吧?”顾客只微笑不作答,选中一只西瓜,又要买桃子。姨妈摇摇头,低声说,这批桃子味道一般,有新上的荔枝特新鲜。结果那顾客买了40多元的水果。临走时,姨妈朗声道:“先生走好。瞧这步伐,跟小伙子似的。”

这不算什么,老熟客我可没有。中年人刚离开,又进来三位,门外还有两个似乎在考虑进还是不进。这三位仿佛走错门似的,随时准备撤退的样子。姨妈呀,这回您怎么办吧?

姨妈眼睛一下子就亮了:“老顾客,您又照顾小店生意来啦,今天有新上的荔枝,还有绿葡萄。您说现在这日子,只要有本事赚钱,想怎么享受,就怎么享受。”这一张罗,门外的两个人也随着进来,很快,100多元收入姨妈囊中。

又认识,绝对是运气。我那三天从没来这么频的,更没有同时进来三个人过。正感叹呢,又进来两个挽胳膊的。这生意我也能做,因为那女孩两眼直奔水果去了。

姨妈赶紧说:“小伙子你好,感谢照顾过小店生意。哎哟,是女朋友?这么漂亮水灵的姑娘,孩子你可真好福气。”

男生一下子阳光起来。挑水果时,姨妈微笑着对那女孩说:“姑娘,还是你有福哇,你瞅这小帅哥多体贴人,现在这样的年轻人不多见了,你是修几辈子德才找到了他。”女孩被夸得陶醉了。称完几样水果,男生掏出一张百元币:“阿姨,钱不用找了,您随便添点什么就成。”“那可不能随便,阿姨做生意,一是一,二是二,何况你是老主顾,必须优惠。”情侣离开时,姨妈还微笑着向他俩祝福。我看见,这俩人走出好远,还回头遥望姨妈的店牌,那是准备下次再来。

得,不到两个小时,就超过了我全天的业绩。

怪不得姨妈说她有功夫,确实是技巧,这么多熟客,运气是一方面,难为她能一一记住，换我可不行，这比背概念、公式难得多。

“姨妈，这么多人，您全给记住，脑袋太好使了。”

姨妈淡淡地说：“是有老熟客，可今上午一个没来。你瞅，周围这么多竞争对手，可能这三天没见到我，以为是换了老板。”

“不对。”我说，“你明明跟好多老顾客打过招呼嘛。”

“噢，那是跟他们瞎套近乎，上午这些一个不认识。不过，下回就是熟客了，我也在努力记。”

“套近乎啊。”姨妈的技巧在这儿。

姨妈摇摇头：“不是套近乎，丫头，这是套效益。”姨妈说，接待顾客有学问，关键是如何把对方留住，如今的顾客大都猴精，谁不知道货比三家呀，你认他是老顾客，这会让他觉得踏实，哪有坑害老顾客的商人啊？姨妈还告诉我，她练就了一双火眼金睛，根据穿着、走路和面部表情，差不多就能确认是当地的还是过客。如是过客，她会有相应的接待词，总之，是让人高兴。

“如果是过路的，您就宰他一下？”我好奇。

“坚决不行。”姨妈严肃地说，“你不可以确定人家这是最后一次。有一回，一个外地人在这儿买了水果，我热情接待，公平交易，谁知道他是护送领导住院来的，认准这个门，接连来过几次不说，遇有探望领导的，他还往这边介绍。”

如此说来，我营业效益上不去，也就在情理之中了，这跟学历、长相风马牛不相及。

“可是最初来的那位要买桃子，您为什么说桃子不鲜？后来桃子照样卖……”

“这个，是小阴谋。桃子不错的。”姨妈笑了，“那人像是有点身份，必然虚荣。我暗示他桃子不鲜，他不好意思坚持省钱了，还会觉得我为他着想，果然就买了荔枝。你想呀，荔枝20多，桃子才3元，利润我就不说了。老话讲和气生财，顾客有亲切感，姨妈有成就感，这能不和谐能不生财嘛？丫头，姨妈还要奖励你呢，说，要什么？”

我恍然大悟。姨妈所说“有本事”“有福气”的奉承话，其实是让对方心甘情愿消费的攻心术。我什么也不要，姨妈教给我的知识，会让我终生受益。姨父去世20多年，一个女人，独肩挑起一双儿女，并且都供上了大学，她那技巧不小，是大技巧呀。

钝刀锯肉

多少年以前,生产队被逼着学大寨修梯田,粮食却埋在雪里没抢收完。这天一早,有人望见东坡的玉米堆子有新翻开的痕迹,认定是让人夜里偷掰了棒子!刚上任的队长立即带着队委会一行五人去了现场。现场只有一行脚印往返,是一个人作案无疑。大家估算了一下,丢失的玉米脱了粒,大约五六十斤的样子。

“翻!”副队长火气大:“咱们没白带黑挖梯田,这狗日的偷一回,我俩月的工分换不来。”那个时期丢了东西,怀疑哪家偷的,可以随意翻搜以证实清白,不犯法的。

队长姓贾,后来成了省级故事家,还受过联合国教科文组织的表彰,这人聪明得很。他瞅了瞅四位部下,摇摇头:“不能翻。贼有贼的想法,这东西连夜脱了粒,推成面,穗子烧掉,咱万一搜不出来,怎么下台阶?开会,让他自己招供出来。”

我当时担任着会计,听了这话暗自好笑。眼下天天开会,小青年打情骂俏,老头子打盹抽烟,都开油了,谁当回事呀,那小偷怎么可能承认。

上早工时,贾队长当众宣布:“大伙都知道丢苞米了吧。今天晚上开会,把小偷揪出来,少一个不中。”

当天晚上,老贾早早候在队部。果然,全队社员一个不少都来了。老贾发表讲话，先交代了当时流行的“坦白从宽，抗拒从严”的政策，接着又说：“往日，咱一有事就找‘四类分子’，这回我知道是谁干的，跟‘地富反坏’一点关系没有。这小偷是个贫下中农，多大岁数呢，我先不说破，让他自己考虑去。”

说完这些，他告诉大家稍微休息，让饲养员换只大灯泡，照得屋里锃亮。老贾说，这回大家相互看看，看哪一个是贼，他做的什么事，都在脸上写着呢。

“怎么样，大家心里有数了吧？”大伙乱看了一阵，没底呀，都好奇地等待看队长演什么戏。老贾点点头：“我不打算马上说破，给他个机会。今天晚上，他是不太想承认。好不容易偷回家，怎么可能轻易吐出来？不过，我告诉你，想蒙混过关，是不可能了。念你是贫下中农后代……完了，我不小心泄露出来了，这个贼是个年轻的。不算，不算，要是你自己承认了，还算坦白，从宽处理，不戴帽，不游街，也就是从口粮里罚点得了。今天晚上就到这里，大家回去躺被窝里琢磨琢磨，我今天点的这个人是不是小偷，我对他算不算仁至义尽。明天晚上接着开，散会。”

我陪了一晚上会，心里不服。不如听副队长的，当时立即搜查，说不定销赃不彻底，能发现蛛丝马迹。这么敲山震虎，那小偷就会自己站出来？除非他是傻子！现在，他早已把痕迹全部消除干净了，想破案更难了吧？心里把队里这些人数算了一圈，不怎么样的有十几个，都像，又都拿不准。管他，我是做记录的，抓不出小偷来，我看你老贾怎么下台。

第二天晚上，又是老贾的专场演讲。这回不提“地富反坏”了，他不点名地跟小偷对话：“我告诉你，你昨天一宿没少盘算，想什么呢？你想滑过去。那你太傻了，你滑过去，我这个队长还有脸干下去吗？”

老贾突然停下，挨个朝与会的社员点头。点了一圈，他冷笑道：“大伙都知道是你了，你跟我对眼时，那眼光躲闪着，你自己糊弄自己呢？你坐得挺稳当,还在那里侥幸,其实大伙眼光都往你那边斜呢,你就一点没发现?大伙说说,是不是知道小偷是哪个了?"

会场"嗷"的一声炸开了:"是!"

我没响应,我不知道是哪个呀。想听听哪个人没喊,或许他就是贼?可喊的人太多,我判断不出来呀。只听老贾又说:"你跟我玩藏猫呢。你当然要答'是'了,你自己偷了苞米,能不知道谁是小偷?说实在的,我跟你家沾点亲戚,照顾你爹妈的面子,才给你这个机会,要不然,我早领人去你家了。你别给脸不要,我是实在不好当面揭穿。这样吧,我这两天也跟大伙调查过一阵子了,这小偷名字已经写在了纸上,现在交给会计。明天晚上开会,你再不承认,就当众揭开。这一揭,那问题就严重了,我只能让大队派民兵把你绑送到山外,该押就押,该判就判……到那时,你别怪我不讲亲戚情面,我实在是想帮也帮不上了……"贾队长说罢,掏出一个报纸糊的小包,递到我手里,宣布散会!

这个老贾,他搞什么名堂?这两天修梯田,他检查质量,倒是挨个田埂跟干活的说话,内容没听到,到了我这里,就问家庭的事,根本没涉及偷苞米呀,他防着我吗?我又不敢与别人探听,像我跟小偷有关系似的。回到家,我想办法把那纸包揭开,嘿,里面什么也没有!

我简直有些可怜老贾了。小破队长当得真不容易呀,明天晚上,那小偷不承认,看他如何面对广大群众吧!煎熬了一宿没眨眼,我想,我比那小偷还受罪。

好不容易等到天黑,因为今天要"揭盖子"了,大伙都想看看是谁最后出丑,热情更高涨了。

老贾宣布开会。他问我:"会计,昨天我让你保管的纸包呢?"

我连忙掏出来递过去。他接过,冲大伙扬了扬:"最后的机会了。大伙说,我老贾算不算仁至义尽?"

会场一片高呼:“算!”“太够意思了!”

喊声未落,炕角站起一个年轻人,原来是沟岔住的李士才,他两眼含泪,话都说不囫囵了:“大姑父,是我拿了苞米,我对不起毛主席,对不起贫下中农……”

老贾点点头,声调特别平和:“孩子,你这是人民内部矛盾,承认了就好。大伙都在这儿,给他拍拍巴掌,他还是阶级弟兄嘛。”

李士才坦白了他偷苞米的经过。那天夜里阴天,他感觉机会来了,就摸着黑偷了苞米,回家就跟媳妇剥了粒子,装进口袋,玉米骨头(穗子)塞进灶坑里烧掉……原以为接下来下场雪一盖就万事大吉,没想到,后半夜天又晴了,这才露了馅。

贾队长说:“坦白从宽,这事就不往大队报了。会计,你把这纸包拆开,让他自己看。”说着,那纸包又递回我手里。

我边接纸包边想,里面什么也没有啊!想提醒,那不等于承认我私拆看过了吗?可当我打开纸包,一下子愣住了,里面有一薄薄的卷烟纸,歪歪斜斜地写着“李士才”三个字!

此后,贾队长开会破案的故事越传越神,传到了外公社去。

我心里始终有块疙瘩啊。瞅机会,就问老贾:“您早知道是那小子,直接揭露不就得了,何苦熬三宿油。对那种小偷,还客气什么?”

“我知道个屁呀。”老贾哈哈大笑,“不过,猜测出这个贼大体是谁,也不是很费事。你想啊,‘地富反坏’天天挨斗,借他个胆也不敢做这事呀,剩下成分好的,也就那么几家,抛去腿脚有毛病的,也就十几个了。你没见雪地那脚印吗,鞋特别大,底纹还是新的……”

“噢,我明白了。”我接话道,“这样只剩下四五个穿较新鞋的年轻人了。可这四五个,没抓着手腕,谁也不会承认。”

“所以开会嘛。李士才早在我怀疑之内,平时他仗着成分好,开会总是磨磨蹭蹭，这回，他来得最早，就想证明他不是小偷，越是这样反常，就越是引起我的怀疑。”

我点点头：“您白天跟社员们聊天，并不是说偷苞米这件事，原来是敲山震虎，让他心惊肉跳。”

“对。包括开会，别人无所谓，就是煎熬他一人。这好比钝刀子锯他的肉，锯得他痛苦无比，坐立不安！老话说，做贼心虚，我嘴上说他脸上不自然了，然后挨个瞅，那做贼的心里能好受吗？其实我根本看不出来，可他以为我看出来了，大伙也不知道是哪个，可贼却以为大伙真认出他来了，就感觉许多眼光都往他身上瞅呢。”

老贾真有一套，就这么连敲带压，把贼逼得招了供。然而我还有疑问：“可您怎么就预先知道跟他沾亲戚？”

“傻小子，这叫似是而非，咱山沟里细论起来，哪家不沾点亲戚？我这么说，没偷的联系不上，他李士才可就惊了心，以为我当真看出来而不愿意揭穿呢。最后，受不了啦吧？”

我认为老贾一定还有什么诀窍没告诉我：“实话说了吧，那个纸包我看了，没写字。后来怎么又有了？”

“你这小子！”老贾指点着我的脑门：“我同时另准备下四个相同纸包，里面分别写上了四个有嫌疑人的名字，自己先记准确了。你的纸包回来，我贴肉装着，等哪一个承认，我就专掏写他名字的，一点不带差的！”

“可是，假如都不承认，或者是站出来的不是这四个，您怎么办？”

老贾头看了我半天，深深叹了口气：“你寻思我愿意当这个破队长呀？操心费力得罪人。可这个时候，上面硬派，我不当，就是思想有问题。这案如果破不了，我正好提出辞职，连个小偷都抓不到，还当什么队长？没想到这小子不抗锯割，害得我这芝麻官儿想甩都甩不掉！”

不愧当过兵

柳长江和张大旺当了几年志愿兵，复员回乡，组织上各发给一笔数量相当可观的安置费。柳长江找到张大旺说：“咱不能坐吃山空，光指望这俩钱养家糊口呀，得出去找份工作干。安置费不到关键时不可轻动。”在部队时，俩人同在一个班，柳长江是班长，张大旺是战士，一贯听他的，这回当然二话没说，就跟随柳长江来到省城，俩人应聘到一家大饭店当上了保安。

穿上那套服装，乍看挺威风的，可不到试用期满，柳长江不干了。这叫啥工作？说是保安，还不如叫门童更贴切，一天到晚腰板挺得“倍儿”直，不是显威风，那是为了讨好顾客，几乎所有的人都可以对他们颐指气使！柳长江跟张大旺说：“老辈儿有话，‘宁可站着死，也不跪着生’，咱凭啥掉到他们手里了。走！”张大旺心里嘀咕，当年部队要提你当副排长了，就因为对迎接检查弄虚作假的事不满，跟指导员顶了嘴，这副排就泡了汤，怎么如今都复员了，还不接受教训？何况，受点气又能怎么样，也不至于扯到死呀生呀上，老辈人还说“好死不如赖活着”“好汉不吃眼前亏”你咋不记得呢？可毕竟出来闯世界是班长的主意，不好不服从呀，张大旺追随着班长炒了老板的鱿鱼。

俩人在部队当特种兵时，受到的那是强化训练，执行起任务来响当当的，可到社会上吃不开了，没技术啊。既然不愿意当保安，就改做物流吧。

这物流是新生行业，将顾客要远送的货物分批入库、装车运往目的地。刚做满一月，柳长江就跟领班发生了争吵。敢情这领班乱指挥，告诉柳、张二人把几十件货扛进甲库后，又发现错了，再让他们搬出来转到乙库。柳长江怨气冲天，这不是存心折腾人吗，就冲着领班牢骚了几句。这领班仗着跟老板沾点亲，错了却不认账，居然口出不逊："你不过是个会说话的机器，让你左转右转是我的事，你急什么？"

这哪里叫人话？见张大旺闷声不响地哈腰搬起一个麻包要上肩，柳长江气得一把给拽下来："你还像当过兵的人吗？冻死迎风站，凭啥任他瞎指挥？"

"班长，咱现在已经不当兵了。就算当着兵，军人以服从命令为天职，他是咱俩的上级，我怎敢不服从？"

瞧这副窝囊样儿！柳长江一跺脚，离开仓库回到宿处，躺在床上怄气，等张大旺下班回来，问他走不走。张大旺说，咱总这么换来换去，多久是个头啊，先冷静一下。柳长江拎起行李卷就走，走开就把手机卡换掉，他不打算再搭理这样的孬种兵，丢不起那人！

柳长江去了另一座城市，也找到过几份工作，总是高不成，低不就，天下乌鸦一般黑，当老板的全像一个模子铸造的，而且穷规矩太多，硬逼着像他这种彪形大汉面对路人跳健身操，滑稽不滑稽？柳长江打了几年工，炒掉的老板足有一个连，自己仍然一事无成。这真是虎落平川遭犬欺，柳长江彻底断了打工的念头，索性把那点存款取出来，决心琢磨个适合自己做的事，自己当老板，不管赚多少钱，只要活得舒心！

回头再说张大旺，跟班长失去了联系，这回孤苦无依，更得夹起尾巴做人了。他在这家物流做得十分卖力，那领班见挤不走他，故意拿话敲打他："怎么，你们班长去哪里踩点去了，哪天接你去当总裁助理呀？"张大旺心里这个气呀，但他告诫自己，对方目的就是想挤走我看笑话，我好歹是当过特种兵的，区区困难岂能退避，决不让他得逞。就假装笑着说：“领导就会拿咱当兵的开涮。俺们班长就是当上了总裁，咱也不稀罕，咱不是那料。”领班见他软弱，更是变本加厉，有一次，居然把张大旺的饭盒扔到了大街上！领班做得太过分，工人们都愤愤不平，鼓动张大旺：“你牛高马大的，揍他一顿出出气，大家帮你说话。”张大旺一想，自己已经付出了这么高的“学费”，把物流行业当中的许多诀窍都掌握了，做起来得心应手，如果换一个事做，那得从头另来，相比之下受这点气算得了什么？他暗暗朝工友们做了一个感谢的姿势，跑出去把饭盒捡起来，笑着对领班说：“领导嫌它碍眼，吩咐一声，我吃完饭自己扔掉它就可以了，哪用您老人家亲自动手？”这真是笑呵呵的折磨人！领班找不到茬儿发泄，气得当天中午没吃饭，事后胃疼了许多日子。

张大旺的宽容大度感动了工友们，大家夸赞说：“不愧是当过兵的，没有过不去的坎儿。这世界上谁与张大旺处不来，基本不可救药！”这话传到老板耳朵里了，老板欣赏张大旺的威望，又从公司的利益考虑，马上把张大旺提升为分部经理，成了领班的顶头上司。

领班见张大旺管着自己了，怕遭到报复，提心吊胆地努力做，结果，他负责的那个组业绩出色。张大旺可不想给自己树敌，不但多次表扬他，还去老板那边夸奖领班，感动得领班涕泪交流，成了张大旺的忠实支持者。老板见张大旺确实好用，再次提拔，让他当了老板助理，不但工资提高了两倍，有时候处理业务，还可以坐公司的小车。这期间，张大旺买上了楼房，娶妻生子，日子过得蛮滋润。他惦记着当年同过患难的老班长，四处寻找，可方式想尽了，一点也没有他的消息。

有一回休假，张大旺带着妻子儿子到邻省旅游，突然发现有一个“野战模拟”的游乐处，广告上写着“到这里，可以勾起你儿时的回忆，让你轻松快乐重温童年旧梦……”夫人一下子来了兴趣，定要去玩一玩，张大旺便驱车前往乡下。

这里原是一片荒凉的盐碱地，被承包人利用，修上了土堆、战壕……到这里游玩的，交纳足够的费用，就可以找对手分区域“厮杀”，手雷、枪支全是模拟，但设计先进，一旦被对方击中，全有印记，最后计算胜负……这么新鲜刺激的游戏，老婆孩子玩得特别开心。然而张大旺是特种兵出身，跟老婆打“阵地战”，感觉太小儿科了，见售票处有“高级实战项目”，只要花五百元，公司老板便可以亲自出面与游客“对决”，如游客获胜，还能退还一半的票价。张大旺让老婆另找对手，他毫不犹豫地掏出五百元。但老板一出现，惊得他瞠目结舌，想不到老板正是他苦苦寻找多年的老班长柳长江！

战友叙旧，各自说了这些年打拼的体会，真是感慨万千。老班长热情地留住了张大旺一家，并打电话也把老婆找了来。按老班长的提议，两家人驱车去了城里，找家好饭店，非痛快地聚一聚不可。

张大旺这才知道，柳长江当打工仔，几乎被逼到山穷水尽的地步，但他始终不肯放弃，终于寻到了那片草木不生，建房又偏僻，百无一用的盐碱甸地子。柳长江在这儿发现了商机，他拿出自己微薄的积蓄，廉价买下了它，然后贷款开辟了这个项目，虽然地处偏远，可如今人们工作生活方面的压力太重，偶尔找这么个地方发泄放松一下，实在最理想不过。于是，柳长江的事业渐渐地发展起来了，除去费用，每年至少有三四万元的收入。

“老班长啊，”张大旺摇头，“您在这荒郊野外创业，受尽辛苦和孤独，才这么点收入，有些不值得呀。”

这时，柳长江电话响了，是一位经理向他请示某位特殊游客的价位问题，柳长江听到一半，就发火了：“我跟老战友叙旧，你搅和什么？屁大点事向我请示，你还能不能干点什么了？”那边电话连忙检讨，说请老板放心，保证处理好。

挂了电话，老班长想起张大旺刚才的话题，接着说：“小张你同情我赚得少，对不起这份辛苦，可话不能这么说。我这人恪守‘冻死迎风站’的人生信条,追求的就是不受气,经营虽苦,但我自己给自己扛活,每月及时交纳税款,同时遵纪守法,决不用受气。非但自食其力,解决了全家温饱,还养活了好多工作人员,我有啥不知足的?而你,尽管委曲求全,却能享受高薪待遇,又不用操我这么多心,也划得来,这叫有得就有失,各有各的活法。”

也巧,此时张大旺也接到了老板的电话,说得还算客气:“大旺呀,你在哪儿?遇见老班长?噢,我理解,可情况不允许啦,我后天要出远门一趟,你必须赶在明天中午前回来!”

收了线,张大旺信服地冲老班长点头:“真是有得就有失,老班长你看,我就没您这份自由啦。不过,无论得与失,咱哥俩都不愧当过特种兵,生存能力不差劲!”

追讨红包

周秀芝的丈夫徐明刚提了正职没满月,感觉浑身无力,去医院一查,竟被确诊为肝癌晚期。得到这样的结果,两个家族全慌了神,尤其是徐明家兄弟姐妹一大帮,他们选出一弟、一妹两位代表,陪同周秀芝一道,去了某大都市。

那边有秀芝的一位老同学,帮忙联系好了专治癌症的某大医院丁主任。说人家丁主任是博士生导师、享受国家特殊津贴的著名教授,他要是治不好,华佗活过来也无济于事。可是医院床位特挤,想入院排不上,简直把周秀芝几个要急死了!那位老同学出主意道:“你是不是以为还在你们县城?这里的医生,不给红包玩不转的。”周秀芝急蒙了头,经提醒,这才回过味儿来:“我以为大都市大夫觉悟高……”“拉倒吧,医院越大,医生越黑。你先掏两千块给他吧。”

两千块?周秀芝吓了一跳。名医可真牛啊,照这样收下去,那大夫来钱比抢劫还容易。但她怕老同学笑她抠门,一咬牙,拿出两千块,请老同学给丁主任送了去。果然有效,第二天,徐明就住上了院。

院倒是住上了,可徐明是肝癌晚期,没有手术价值,只能维持。治疗了两个星期,主任通知周秀芝去了他办公室。主任说:“你的家属这病也就这样了,住下去没什么意义。这边床位挤,先接他出院吧。”

周秀芝如五雷轰顶,这不是终审判死刑了吗?她赶紧跟小叔子、小姑子商议。弟弟妹妹齐声责备她:"事是死的,人难道也是死的?你好歹跟他哀求一番也成呀。"

"我就差跪下了。人家铁定了要赶咱走,说是没什么意义了。"

弟弟妹妹心疼哥哥,说即使没了救,也应当为哥哥尽量多花费些钱,那样最后才能少些遗憾。老同学也说,再争取一下吧,给红包。人都没了,要钱有什么用?

老同学当天夜里出差去了外地,不能代替周秀芝送红包,周秀芝第二天只好硬着头皮去见主任。主任屋里始终不断人,估计都是有求于他的。周秀芝紧张得胸口怦怦跳,丁主任跟她并不熟悉,如果红包递上去人家再不敢收,那多尴尬呀。可是,为了丈夫的病,挨羞辱她也得豁出去呀。

好不容易抢到一个空档,周秀芝挤了进去。她硬着头皮把包着两千块钱的信封放在桌子上:"主任,我是415病床徐明的家属。求求您,再让他住院治疗几天吧,我们偏僻地方来一趟不容易的。"

丁主任看了一眼信封,毫不犹豫地抓起,顺手往白大褂侧面的兜子里一装。好家伙,那兜子缝得专业,几乎是一只布袋,像周秀芝这样的红包,装十个八个的看不出来!主任装完了钱,说:"你实在要住院,那就转某某院去保肝吧。"

钱入了人家腰包,院还是住不成。徐明一赌气:"治不了就算了,我也许命该如此。明天出院,也别保什么肝了,咱回去治,不就是化疗嘛。"

丁主任的医术还是相当高的,他判断徐明过不去清明节,可不,四月三号徐明死在了家乡的医院里。

处理完徐明的丧事,周秀芝受了刺激,精神一直是清醒一阵恍惚一阵。清醒时她又想起了那个秃脑门丁主任,好可恨呀,原来她还暗暗怀疑老同学是不是把红包给私吞了,没想到,这老家伙揣患者的钱,眉头都不带皱的,两次收了她四千块,而她起早贪黑地在商场上班,一个月才一千多块!周秀芝想着想着,便哭出声来。恰巧她娘家弟弟过来安慰姐姐,一听这事,说:"姐,你别难过,我正好要到那边公出,你跟我去,咱俩把红包追讨回来。他要是敢不给,我就写文章揭发他。"

弟弟笔杆子很厉害的,经常发表作品。周秀芝觉得跟几百块钱的路费比,四千块钱数字够大的了,就跟随弟弟去了大都市。

姐弟俩到了丁主任办公室门前。这回不管外面等着多少人,周秀芝一把将门推开,不管守在门内的助手拦不拦,硬是闯了进去。丁教授正跟一位妇女说话,他又哪里会想起秀芝是哪个呀,立即黑着脸问:"谁让你进来的?"

周秀芝还没答话,那个与主任说了半天话的妇女赶紧说:"丁主任,就这么着吧。您忙,我先告辞,那事就拜托了。"说着,开门走了出去。

周秀芝声音挺高地问:"你还记得有个叫徐明的患者吗?就是被你诊断为肝癌晚期的那个。你说他活不到清明,可他现在还活着。"这是周秀芝在门外临时编好的谎话,要气那贪得无厌的教授的。

"啊?"丁主任一愣,瞬间恢复了常态:"对,想起来了。活着好啊,难道你不希望他转危为安?"

"可是我问你,你收了我的红包,为什么把人往别家医院里撵?我们小地方人可没这么办事的。"

"噢,这事啊。"丁主任淡淡地说:"我有跟你要红包过吗?你们这些患者家属呀。"说着,他顺手从白大褂里掏出一个信封拍在桌子上:"完璧归赵。行了吧?"

周秀芝吓了一跳,这红包比她那个可大得多!她斜着眼透过信封口往里那么一瞥,全是粉红色的百元币。她转身走了出去。

姐弟俩去走廊拐角处一看,哇,信封里是没打捆的一叠!

弟弟稍微一迟疑:"姐,你稍等。"

没多大一会儿,弟弟回来了。他也是冲进丁教授办公室,说了句:“我姐夫徐明哪天哪天是你的患者,我送给你红包过,今天你必须还我。”

他想,丁教授根本不认识他,假如对方否认收过他的红包,那他就转身说是跟姐姐闹混了,不知他已经还了姐姐。没想到,丁教授根本辩不清来人的真伪,又掏出一个信封,不耐烦地说:“拿去。再无理取闹,我打电话找保安收拾你!”

周秀芝愣了一下,突然放声大哭。哭得弟弟摸不着头脑,来的时候,担心讨不到钱,白搭了路费;这回如此容易就讨回一万四千块,姐姐她还哭什么呢?

周秀芝抽噎着说:“我说菜价、房价咋吆喝都控制不住呢,这才几个月呀,两个红包就涨得这么凶……”

理财争夺战

李文华夫妻俩有一阶段相当不愉快。

李文华抽烟抽得频，并且更喜欢喝几口小酒，老婆宋亚丹特别烦，动不动就唠叨："喝酒、抽烟讨人嫌，伤身板儿，浪费钱。这一年光烟钱、酒钱就得老鼻子啦，还得另外搭上菜。"听到这话，大李心理就不平衡了：他大李几乎被老婆逼到了吝啬的程度，烟抽最便宜的，人多时，大家相互敬烟，他的烟档次差掏不出手，为了挽回面子，只好想出了办法，坚持说自己只习惯抽"达西"，抽别的咳嗽，结果在年终职工代表大会上，领导破例让摆上了好烟，他李文华只能咽着口水，硬撑着抽自己的"达西"，那滋味要多难受有多难受；若说到喝酒，他李文华本来酒量不大，喝的是2元钱一斤的"散白"，再费钱又能费到哪儿去？你宋亚丹穿衣服比我讲究档次，并且嘴特馋，一时也离不开水果，打听到哪款化妆品好用，不论贵贱立刻就买……这难道不是钱？更厉害的是这女人既怕胖又担心变老，美容卡办着，健身班练着，脸是你长着，可花销的是二人的"公款"……我李文华有过这样豪华的消费历史吗？有一回，宋亚丹脱口说出了"男女平等"这个词儿，被李文华抓住，反唇相讥并借题发挥："既然男女平等，凭什么我只管赚钱，你只管花钱？这就叫不平等。至少应当轮流'执政'，咱俩每人负责一个阶段，让我这个当户主的，也体验体验主人翁的感觉。"

宋亚丹被噎住了，只好说："行，你可以管一个阶段，但你若是把钱花得找不到地方，我可饶不了你。"

"一言为定。"

李文华真正当上了一把手。他成竹在胸，怕到时候出毛病，遭到宋亚丹的"弹劾"和"罢免"，因此，每笔花销无论大小，都认真记在本儿上。这样管家务直到年底，嘿，收是收，支是支。春节到了，李文华坚持让宋亚丹看账目，宋亚丹嫌脑袋疼不屑一顾。大李心里高兴，拿出3000多元钱交给宋亚丹："给，你不是眼馋皮装吗，去买件皮衣穿吧。"

一见到钱，宋亚丹眼睛马上就亮了："咱家从来没有多余的银子过，你这是跌倒捡着金元宝了？"

大李得意洋洋地告诉老婆，宋亚丹每参加一次健身班或者听美容课，交纳多少费用，他就抽出相同的金额，存在一个活期折上："整天把精力花费到那上面，就可能一天比一天变年轻了吗？你还见天唠叨我抽烟、喝酒，你瞧你，一年浪费多少钱啊，哪比得上攒到年底买件像样的衣服，可以穿多少年呢。我都想给你买貂呢，可惜钱没攒够。"

听男人说得有理，宋亚丹一把抱住李文华，在他脸上好一通啃："老公说得句句是理，把钱和精力花费到美容、瘦身上，确实再愚蠢不过。明年我还拥护你继续管家，你管得就是比我高明嘛。"

李文华以无可争议的优势得以连任。

这一年，李文华再接再厉，家务料理得井井有条，饮食档次还提高了一截，星期天两口子居然可以去饭店撮一顿了，这在宋亚丹"执政"期间可是没有过的。大李好有成就感啊，摆平一个女人实在是小菜一碟，打开了如此好的局面，下一年、下下一年还得他李文华管家。男女平等，平她个头！

转眼又到春节。宋亚丹先是对李文华亲自理财道了一番辛苦，然后笑容满面地伸出手："老公啊，过年打算给我买什么礼物呀？"李文华答："当然有。你瞧你的皮靴有些旧了，我在批发市场看到一款减价的，300多元只要120元。”宋亚丹摇头：“你承诺过我的貂呢？我可是盼了一年啦，把存折拿出来吧。”

“貂？”大李傻了眼：“你今年没参与什么健身、美容，我也就没额外存钱。”

“好你个败家子，”宋亚丹顿时柳眉倒竖，“我克制了整整一年，图的是什么？去年我乱花钱，好歹还有件皮衣；今年我没参加健身、美容，至少省下一件皮衣钱了吧，你倒分文皆无了？说，把买貂的钱给弄哪去了？”

老婆去年不看帐，李文华今年也就没记，现在让他找出买“貂”的钱，他哪里找去？

“你发誓，是不是攒了小金库，或者给了哪个狐狸精？”

李文华指天画地，如果贪污一分钱，就让他睡一辈子沙发！

宋亚丹说：“怎么样？我停了健身、美容，到年底钱却没了。既然你没贪污，那么事实证明，这健身、美容我还得继续。另外，家庭的纪律要参照政府有关条文，一个官员被查出有经济问题，他事后还可能继续管经济吗？不可能。那么，从今天开始，你被民主罢免，一票否决了。”

李文华就这样被夺了权。老婆通知他，咱得攒钱换个大点的房子，同学中顶数咱家的居室小，她在他们面前抬不起头。这一来，李文华的兜确实比脸干净得多，他干脆给自己起名“太空族”，就是口袋太空了的意思。然而，家是个只讲爱不讲理的地方，牢骚是没有任何意义的，李文华只好再次降格，在家时，索性抽叶子烟了。

这种情况再合理也难以舒畅啊，大李就盼着能有再次“执政”的机会。工夫不负有心人，老婆的母亲病重，在省城住了院，宋亚丹必须过去陪护。李文华高兴啊，这叫兵不血刃自然过渡，这回看我如何把握时机，把失而复得的“执政权”牢牢控制在自己手中。

老婆走后，李文华立即建立账本，清理现金。他发现摆设柜上放着个挺大的储蓄罐，里面全是硬币，倒出来一看，哈，有230多块呢。李文华想，哼，你诬蔑我攒小金库，你这是什么？就算不是攒私房，这种攒钱方式也是极度愚蠢的，想想啊，一大堆硬币，到时候想花，多麻烦。怎么办？零星花出去。

主意打定，大李每次买菜，都要揣上一些硬币，遇上零头，比方总共11块3角，他先给10块整的，然后说："我有1块3角……"就这样，他想方设法，把花硬币当成重大事情抓，每天都能花掉一些。李文华这成就感啊，男人的智商就是比女人高，哼，平等，你做梦吧。

老婆终于回来了，她边唠叨李文华把家造得跟猪窝一样，边收拾。突然，宋亚丹尖声叫起来："这储蓄罐里面的钱呢？怎么就剩这点儿了？"

李文华得意洋洋地说："我把它们处理掉了，花费有账目可查。你说你怎么想的，攒到年底，这罐该满了吧，那么多硬币花起来……"

"你这个猪脑子啊。"宋亚丹拉着李文华上了市场，说要让他知道硬币是怎么回事。

到了市场，先买蘑菇，总共5元3角。李文华想，失误了吧，要是再拿点硬币……这回，找7角零钱。正想着，听老婆发话了："什么5元3，要是有，我还不给你呀，5元吧。"扔下5元，拿了蘑菇就走。然后又到猪肉摊，买猪肉，是10元8角，宋亚丹又说："老板，我可是你的老主顾，这肉还带着点皮……给10元得了。"李文华暗中记着，买这一圈菜，老婆连砍加赖，居然省下4元2角！

回到家，老婆问："明白这储蓄罐里的钱是怎么回事了吧？"

李文华摇头。

老婆横他一眼："说你猪脑袋，瞧你冤枉成什么样。我每天买菜砍价省下的钱，当天都放入相等数额的硬币，实在没有硬币，我宁可换去。你煞费苦心花掉的钱，那是我两个月的砍价成果。你不是有账目可查吗，说，储蓄罐里原来是多少钱的？说不准,那就是经济问题!”

李文华万没想到硬币是记录砍价成果用的,他账目虽然清楚,可没记硬币是多少呀。一时间李文华瞠目结舌。宋亚丹鄙视地说,连点硬币都落实不到出处,还觉着自己像块料,今后这钱的事,你连边也不要沾!

丢了权,大李最终也想开了:无官一身轻,又不是输给别人,跟自己老婆较真算啥男子汉。据说干大事的人从来不摸钱,我李文华今后也带点伟人风范了!

魔幻钢琴价

业余作家段先生的女儿莹莹自打升入初中,学习成绩一直中等偏下,为了孩子的未来,段先生夫妇真是伤透了脑筋。有一天中午,莹莹的音乐老师打来电话,说女孩子潜力不行,这样拼下去不会有效果的,她建议莹莹应当学点特长,将来高考可以进艺术院校,成为演艺界的人,那生活就高人一等了。老师让段先生给莹莹买架钢琴,并说她在钢琴厂有熟人,肯定比市场价便宜。正在这时,段先生的好朋友邹先生在访,听到了电话内容,提示道:“你问一下她能便宜到什么程度。”

段先生一问,说是两万五千块的钢琴,她可以省一千块。挂了电话,邹先生冷笑道:“真是无利不起早啊。现在这些老师赚钱都赚疯了,她那么热心关怀你家莹莹,图的是卖钢琴赚好处。回头我帮你解决一下,你等我的电话吧。”

邹先生办事极讲诚信的,到了晚上,就打来电话:“我怎么说来着,那老师黑着呢。”邹先生告诉老段,他钢琴厂有关系,两万三千块就可以了。段先生凡事特别信赖邹先生,就把此事托付给了他。

可是第二天上午,邹先生打电话告诉段先生,他突然要跟领导到远方出差,钢琴的事他放在心上呢,回来立即办。

按说此事不急,可莹莹听说要买钢琴,激动得寝食不安了,一天没遍数地催爸爸快把钢琴抬回来。段先生感觉邹先快要回来了,就打电话询问,这才知道,老邹的领导在远方出了车祸住院,他正陪护呢。不过,钢琴的事不会耽误,他回来第一件事,就是带着老段去买钢琴。

老婆和女儿都抱怨段先生,还不如让音乐老师办呢,不就一千块钱嘛。段先生不高兴地说,一千块钱他要写几万字的小说,容易吗?再说,一事不烦二主,既然委托了邹先生,怎么可以出尔反尔。让母女俩吵得脑袋疼,段先生东西也写不下去了,索性跑到大街上散步去。

段先生来到了江堤上吹风,猛然听到有人跟他打招呼。一抬头,感觉特别面熟,他握着对方的手,大脑飞快地旋转着,这位是在哪里见过的呢?对方看出他是忘记了,就主动提示说:“我是老白呀,老邹的同事。”

哎哟,想起来了,与老邹喝酒时,这位白老弟参与过两三次呢。段先生赶紧边骂自己猪脑袋边赔不是。白先生连说:“没关系,您满脑子文章,全记过来那才是不正常。大哥挺悠闲呀,老邹这回差一点就伤着,您知道了吧?”

段先生接话:“可不。我急着等他回来买钢琴呢,他钢琴厂有门路,只要两万三。”

这一说,白先生哈哈大笑:“这个老邹,他钢琴厂认识谁?还不是托我。原来是大哥您的事呀,什么两万三,他老邹记忆错乱。我跟老总是铁哥们,说好了两万二的呀。”

这话让段先生一下子愣在了那里。他去专卖处核实过,钢琴的价钱确实是两万五呀,怎么辗转了三个人,却省了三千块!白先生见他发呆,就说:“走吧大哥,我现在就领你去找我铁哥们,两万二,他当面答应过我的。”说罢,招手叫住出租车,俩人去了钢琴厂。路上,白先生嘱咐段先生,当时他告诉老总是自己买,段先生露面不合适,只在门口等,他把票子领出来就可以了。段先生才不想认识什么老总呢,于是满口答应。

钢琴厂的门卫认识白先生,当即告诉说:“我们老总是人大代表,现在正开两会呢，三两天回不来。”

老白一听，有些扫兴，问老段：“大哥，去不去卫生间？”老段没事，就摇头。老白自己去了厂部的厕所。

老白刚离开，门卫问段先生：“买钢琴啊？他告诉你多少钱？”

这时候，段先生突然多出个心眼，对门卫说：“白先生跟老总是铁哥们，说只要两万一千块，就帮我拿下。”

门卫一听，神秘地笑了笑：“告诉我你的电话，我晚上打给你。”段先生刚递上名片，老白完事出来了，两人打出租回到市区，约好两会结束再联系，便分了手。

傍晚，段先生便接到了门卫的电话。门卫说：“那姓白的忽悠你呢，他什么老总的哥们，我才是跟老总沾亲，很近的。你要是相信我，我给你包办。钢琴免费运送，搬运工还是专业的，进楼道保险磕不着。姓白的他会调钢琴吗？当然不会。我认识柳效敏，本市著名调琴师，你的琴包调了，享受最低价，还保证随叫随到。”

段先生现在是一头雾水了，举着电话一时不知如何对答，他说的可是两万一呀，这钢琴价简直带有魔幻色彩，要瞬息万变了！那门卫性子急：“老哥呀，我忘记告诉你价格了，哼哼，什么两万一，姓白的想黑你的钱，老弟我两万块保准给你拿下，怎么样？”

段先生一拍大腿：“我就欣赏痛快人，你可得保证质量啊。”

第二天，段先生去了钢琴厂，那门卫非常守承诺，立即打电话叫了车，不到半小时，钢琴免费抬到了段先生的楼上居室内。很快，调琴师也赶到，一步到位，把钢琴调好，收费果然不高！

客人走了，段先生望着钢琴，百感交集。朋友，熟人……这叫什么事呢？当初要是信老师或者老邹的，这三四千块钱白扔，还得欠老大的人情。正在这时候，他小舅子领着媳妇过来串门。小舅子夫妻俩开饭店当老板，难得有时间过来,段先生便说:“永生,明天帮我订个包房。”

“姐夫得奖金了?这么大方?”小舅子媳妇打趣道。

段先生便把钢琴的事一五一十地说了:“素不相识,人家倒比朋友实惠,你说我不该请他一回吗?待我问一下,他中午还是晚上得闲。”

电话刚拨了两个数字,就被小舅子按住了:“姐夫,请他个屁呀。钢琴厂的内幕我知道,产品销路不好,工资都发不出去了,老总逼着职工们推销,就是两万一台,卖不出去还给顶工资呢。要请,也得是他请你!”

是这样啊。

陪小舅子喝了点酒,段先生无论如何也睡不着了。这钢琴等于是打了八折,他却一点成就感没有,心里反倒堵得慌了。邹先生和白先生相继打来电话,内容一样,都是嘱咐段先生先别急,钢琴是探囊取物的事儿,绝对不会有闪失,只不过稍等几天,去专卖处,那钱就花得大头了。段先生平静地对着电话说:“钢琴的事我已经解决。碰巧我亲戚家有台新的,闲着也是闲着,免费送到了我家。”听到那边口气相当失落,段先生又给了个模棱两的承诺:“哪天咱还得喝酒呀。”

挂断电话,段先生对老婆说,咱家一请客就往你弟弟饭店里安排,腻不腻呀,下次记着点儿,再有事,换个地方……话没说完,他突然来了灵感:“我说,咱俩都细心打听点儿,朋友和亲戚中哪家要买钢琴,就说,我给钢琴厂的老总写过报告文学,他特别感谢,钢琴的事,找我。哼,赚这钱比写小说肥实多了!”

丑员工的三大优势

腾飞快运公司有位特别出众的员工，叫小丁。小丁什么地方出众？嘿，这家伙个子比较矮小，相貌比较丑陋，但有一件别人无法比拟的长处，那就是不知道自卑，心态极好。由于人们的思维还是停留在“有信件找邮局”的观念中，哪有人知道这民营的优势呀，所以公司乍成立那阵子，效益特别差，根据领导目测和培训结果，优秀的被派出去宣传公司业务、招揽客户，而小丁因为形象太差，便被安排负责送达邮件。这不怪小丁，谁让他先天不足呢。困难时刻，有些感觉看不到希望的同事跳了槽，唯独这小子根本不知道大家如何看他，乐呵呵自我发展呢。你看他，今天印了名片，明天买上手机……这些装备，公司一分钱不掏，全是要自费的。小丁呀，你真把自己当成国家正式职工了？

小丁热火朝天地送邮件，闲下来跟大伙一样，嚼甘蔗似地背诵全城大街小巷、大小公司名称及位置，别人烦得晕头转向，他却怡然自得、趣味无穷。年终搞模拟送达演习，他得了第一，打那以后，领导隔三岔五总要在例会上夸奖他几句。看小丁受到表扬后那副志得意满的傻样子，同事们暗笑，领导这是可怜你先天不足，变着法子宽慰你，你真当自己是明星了！

大伙没笑完，这又让小丁给吓一跳：他要求换岗，到一线去揽客户！

同事们叹气，都是领导把他害了，这副模样揽客户，不怕把人家吓着，至少女同胞懒得听他白话。

再看小丁，换岗后比从前更忙了。好家伙，公司派送每人100份“速递详情单”，干什么用？每接到客户有信件要发送的电话，业务员迅速赶到现场约见，由客户填写好详情单付邮费。可小丁得知这东西5角钱一份时，居然说：“我出50元，多买100份备着。”瞧把他痴迷的！

然而几年下来，许多同事渐渐离开，小丁却像钉子一样，牢牢地钉在公司这块木板上了。由于他业绩突出，被公司选成星级业务员，年终有大红包。老板让他讲讲经验，这小子只会嘿嘿傻笑：“啥经验，不过人长得丑，腿跑得勤，脑子笨，要比别人多转一会儿呗。”听听这话说得，人丑能把客户吓跑，腿勤快更是白搭，你整天跑去问人家：“发快递吗？”不把人说烦了才怪，你脑子多转一会儿，人家没信件，难道骗人家写去？真是。

公司逐渐发展壮大，业务一天比一天多，员工也相应增长，然而，无论多少员工，哪个也不及他小丁的业务量多。尤其是今年冬天酷冷酷冷，大路上滴水成冰，滑得很，大冷天的当街填写一份详情单，往往要几十次地把冻笔填嘴里呵，否则它不下油墨啊，这样，效率自然要降低许多，谁知小丁一天还是上交数十份业绩，一点不比平常差。

同事们聚一块议论，百思不得其解，就凭他，这掉人堆里找不出来的人，他多长了个脑袋，还是三头六臂？商量来商量去，大伙想出办法，跟踪观察，不信找不出猫腻在哪儿。

第二天早晨例会刚过，小丁照例又接到电话，他一边答应着一边下楼，骑上自行车出了公司大院。这边早已安排好的几位弟兄，俩人一伙，戴上大墨镜，启动摩托车尾随……经过一番侦察，确实发现了小丁与众不同之处：他没到约见地点时，提前几分钟打过去电话，来到约见处，客户已经等候在路边了，两人一递一接，变戏法似的，业务结束，小丁又奔下一个去了……

侦察人员远远地看着，心里好生奇怪，这小子再熟练，那客户填单总要花费些时间吧？他是怎么眨眼间就完成了的呢？他们实在想不清楚，又跟踪一段，到底看出门道来了，胡同口出来一位骑车的年轻人，跟小丁交谈几句后，俩人又共同去了下一处。终于露出马脚来了，这次的客户出门，填单，也是呵了不下二十次冻笔……侦察员们恍然大悟，这小子的“星级”是造的假，原来是雇了个影子助手，俩人做的顶一人的业绩，那些填单快的奥秘说起来一分钱不值，助手提前赶来，客户填好了单，小丁再赶来收钱，嘿。

大伙越发瞧不上小丁，这算什么能耐呀。想来想去明白了，敢情是那个助手因某种原因进不了这公司，比方公安局备有前科什么的，所以，小丁就给他当了二老板，说不定回扣人家多少好处费呢，这小子够黑的呀。当然他也不单纯光黑他那助手，大家全跟着受害，领导整天拿他说事，动不动就敲打一大片，说什么得向小丁看齐，敢情全是他采取的不正当竞争方式，坑得大伙挨批。

难兄难弟们自发地发起了“倒丁”运动，不把这小子挤出去，大家没好日子过。说话间到了年底，不料业务经理召开年终总结会，宣布老总的意思，要提拔小丁当副经理。

当副经理？这小子拼命表现，原来是为了骑在弟兄们的头上！“倒丁联盟”们刚要揭露出丁某人的丑行，小丁却站了起来：“经理，提拔我怎么不事先找我谈谈？”

“这有什么好谈的，老总说了算，他看好谁就是谁。”

“可我没看好这个官。我要辞职！”

当了官，任务分派得少，待遇要高出一大截，他姓丁的却要辞职，这到底怎么回事呀？“倒丁派”们你看我，我看你，全呆了。

小丁说，经过七年的锻炼，他有了自己的公司，所以要回去当老板了：“跟咱这个不发生冲突，是另一类行业。”

“你葫芦里卖的什么药呀？”经理诧异，“你什么时间弄出个公司来？说说听听。”

“我早说过，我的优势一是人丑，二是腿勤，三是脑袋舍得多转圈儿，就是算计。”小丁突然一反常态，变得特别伶牙俐齿，他娓娓道来。

由于条件差些，小丁天生自卑，他认为自己不能跟同事们一样，他得多付出，才能找到平衡。于是，干投递的时候，他就留心客户情况的变化，有活没活，他骑着车子可街溜，为的是尽最大限度熟悉省城所有大街小巷。这期间，他不间断地宣传公司业务，并拥有了足以供自己施展的客源……转岗后，他在联系宣传本公司快捷廉价的优势时，同时发放名片，名片背后印着服务项目和跟邮局同样业务的对比价格，并承诺24小时服务，随叫随到，为此，他配备了手机……

“你印的名片我们都有，没发现有什么特别的呀。”同事们认为他没说实话。

“这个，我印名片分内、外两种，一次制作几百张，其中几十张只印一面，装在衣袋里，而印两面的就有了服务内容，装在公文包里。”

小丁说到这儿，就有人打断了：“这纯粹是假的。发份快递，值得24小时服务？”

小丁说，确实是假的，即使半夜来办业务，那也只能等到天亮才能发出。但这项内容有吸引力，表达了顾客至上的理念，可以获得客户信任。

小丁说，有一次办业务，客户正在填写详情单，突然天降大雨，他脱下雨衣替客户遮着，总算把活干完了。然而，他小丁却淋得发了一夜烧。躺在床上他想，吃这大亏，如何把损失补回来呢？有了，提前发给老客户一份详情单，人家完全可以从容不迫地在家里填写完毕，这时再给他小丁打电话……想不到，这一招既方便了客户，更提高了他的效率。小丁办业务时，并非死死地盯住邮件，他同时帮助客户联系房源，寻找对口医生，甚至还帮人介绍过对象……这份热心跟他丑陋的外貌形成强烈反差，凡打过交道的人都特别信任他,所以,他工作起来顺风顺水。

“你说的丑也是优势,原来在这里啊。”

“当然。我长得丑,人一眼就牢牢记住了,万一我诈骗,警察都容易找到。还有,男士们比较放心让我向他们的老婆宣传咱公司的优势……”

这一句,把大家说笑了,这小子真能琢磨呀。然而,更关键的必须揭穿,不能让他避重就轻掩盖事实真相:“不对吧,你搞不平等竞争,伙同助手合力做事……”

“哎哟你们呀,”小丁不满地抗议:“把心思用哪儿去了?那是我家的亲戚,缠着我非要参与我的公司不可。我公司那是沾钱的事,让亲戚伸手,出了差错不好处理。我就带他一个月,把我的客源和揽客技巧介绍给他。现在他成熟了,公司若不要他呀,他可就投奔别家了,资源也将全部带走。”

小丁这一番忽悠,连经理也傻了:“好小子,咬人的狗不露牙。这回当老板了,赶紧整下容,娶个媳妇成家。”

“我才不呢。长这副丑陋面孔也是难得的资源,你们想长,还长不上呢,我岂能轻易破坏?敝公司就叫丑汉某某公司,将来就叫丑汉大连锁,咱不靠外观靠服务质量,照样给顾客以最深的印象。至于女朋友,我早有了,模样绝对拿得出手,不经她恩准随便改良,还怕她接受不了呢。”

省长是俺家乡人

柞木沟子屯翻过一道岭就是梨树屯儿,虽然属两个县管辖,但两村的条件差不多,都是偏僻加贫穷,肩膀头一般高,两村村民走动得很勤,哪边有屁大点事,另一边立刻知道。哪知5年前梨树屯的人一跤跌到福坑里,胸脯子挺得老高,柞木沟子人自惭形秽,两个屯就渐渐断了来往。咋个福坑呢?那梨树屯出息了 位大人物,在邻省一个市当了市长,5年前的除夕,那市长衣锦还乡,回梨树屯看望亲戚,特地把当地县委书记、县长请了去。一句嘴外的没说,那县领导心领神会,等市长一离开,梨树屯就成为全县重点帮扶村屯。好家伙,路修上不算,还补贴得家家户户翻盖了房屋,没有副业,县科协出面策划,在那边创建五味子种植基地,家家得到了种苗木还有水泥杆……粗略一算,哪家都得沾上万元的光。乖乖,有的人家一辈子也积攒不了上万元,这就等于让梨树屯的人多活了一辈子!

也就在柞木沟子人眼珠子发蓝的时候,好运气也降到了岭这边:听说从南方刚调过来一位常务副省长,名叫邬颢,跟这边沾亲!柞木沟子人像遇上了盛大节日,人人脸上挂着笑。原来38年前,这邬颢的父母不知犯了什么罪,被下放到这里改造。邬颢那时好像只有十五六岁,干啥啥不会。柞木沟子认为,他好歹是个孩子,父母的事跟他无关,让他给生产队放猪,那活轻巧。结果他没把猪看住,钻到烈属老吴太太家菜地里,将一片刚结了块茎的土豆拱得乱七八糟，老吴太太当时就背过气去……多亏柞木沟子人心地善良，大伙保证，到收获时每家赔偿老吴太太10斤土豆，这事才拉倒。当时，邬颢的父母感激得不住地给乡亲们鞠躬。也就一年多时间，这一家又悄悄调走，随后杳无音信……时隔这么多年，没想到放猪小子回这个省当了副省长，还是常务的！当年的队长昌顺爷还健在，大伙商量，凑上路费，派一位能说会道的年轻人护送昌顺爷去省城，邀请邬省长抽空来山沟串个门儿叙叙旧，官再大，也得有良心，他不会不给面子吧。邬省长往这儿的板凳上一坐，本地的市长、县长还不得屁颠屁颠地巴结呀，那梨树屯往哪摆？

背负着全村人的重托，昌顺爷可以说历尽千辛万苦，几次被拦在省政府大门外，嘴唇都要磨薄了，这才被那位邬省长的秘书接到宾馆里。又费了许多周折，秘书才通知，邬省长有10分钟接见时间。昌顺爷亲得抗不了，不住嘴地说省长当年那点事，省长只是含糊地答应。说起串门的事，省长说，我现在事太多，抽不出身子呀，等退下来，我一定去看望乡亲们。之后，掏出2000块钱和一筒茶叶："大爷，某地矿井出了事，我必须去现场督救。这点钱是我自己的工资，算孝敬您的；这茶叶，您代我请乡亲们尝尝。"说完，吩咐秘书照顾好大爷，就跟着工作人员离开了。

这真是人一阔脸就变啊。昌顺爷受到了冷落，觉得没脸回去见乡亲们，他把那钱硬塞还秘书，气哼哼地回到柞木沟子："这才叫热脸贴了冷屁股，人家不咸不淡地给了一袋烟时间。说是忙，要退休才有工夫过来呢。"乡亲们真是彻底伤了心，把那筒茶叶往草丛里一扬："一股青草味儿，谁喝！挺大个省长，2000元怎么拿得出手，还声明是他的工资，真好意思！""这邬省长跟历史上那个陈胜似的，当了官，翻脸不认人了！退了休，啥影响没有了，他还来个屁！"

柞木沟子人脾气跟柞木一般硬，屯长召开全屯村民大会，大伙一致通过，把邬颢当年在这儿待过的那段历史抹去，往后，谁也不兴说认识他！你当省长牛哄不是吗，咱穷人有穷人的骨气！当官的不理咱，咱有墙靠墙，没墙也得站直了！

冷静地一想，柞木沟子地处偏僻，却也有偏僻的优势，数千亩面积的山林里，盛产山野菜，目前正好是收获的季节，往年这时候，村民们种完地，可算松了一口气，男男女女吃过饭，就知道聚一起打麻将。如今屯长发话了："别人瞧不起咱，咱不能自己瞧不起自己。大伙采山菜去。卖不掉，咱晒干菜送人！"说这话时，恰巧从外地来了一位年轻的许老板，打算与村民签订野山菜收购条约，预付十分之一的现金。山民们本来就能吃苦，见有钱可赚，劲头大增，男女老少全长在了山上，20天下来，小山沟采摘了差不多以往10年量的野山菜！人家小许老板有办法，雇来受过专业训练的技术人员，在山坡上挖了好多坑，里面衬上塑料，就变成了临时的腌菜缸，将下山的野菜过完秤就地腌制，腌好了，又联系来车辆，浩浩荡荡地运出山去……3年下来，许老板赚得盆满钵平，柞木沟子老百姓的口袋也鼓了起来，同时也感觉到，咱山沟不穷啊。

柞木沟子的山野菜流向外地，成了远近闻名的品牌。上门要求合作的客户逐渐增加，有人还发现了这里风景迷人，空气清新，节假日就渐渐有游客光临，并且越来越多，县旅游局还派人来考察论证过，准备把柞木沟子发展成旅游区，那时，这穷山沟可就彻底翻了身！

据说每个人一生都会遇上贵人，柞木沟子的村民一致认为，这一切机遇都是小许老板给带来的。听说今年山野菜收购结束，许老板决定结束与本屯的合作，要到南方发展去了，村民们这个不舍呀，恳切地把许老板留住，大摆宴席招待他，全村各户都有代表出席。酒桌上，柞木沟子人异口同声，授予许老板荣誉村民称号，承诺等这儿成了旅游区，他随时可以来建别墅。

许老板笑了："上级有明文规定的，不准与农民抢土地，这待遇我可不敢承受。其实应当表示感谢的是我，是这块土地给了我施展才能的机会……

另外我还要感谢的我父亲，没有他的鼓励和支持，我也不会想到这里来，也就没有我的今天。我父亲，就是邬颢啊。”

啊？他是省长的儿子！

许老板说了事情的来龙去脉。

当年，邬颢的父亲是国家安全局的特工人员，由于配合一场对境外敌特的斗争，组织上故意制造让他全家下放改造的假象，为的是迷惑敌方。不久，敌特组织人员全部落网，邬颢的父亲又返回工作岗位。由于工作的特殊性，老两口直到逝世，也没能与柞木沟子联系。那时邬颢年纪小，当年放猪惹祸，得到山里人宽容的这件事，也就积压在了大脑深处渐渐淡化。然而，邬颢自己也没想到，他会被调到这个省任职。

那天得知柞木沟子有人来访，邬颢一下子想起来，那里还有一方朴实、善良的百姓。可老队长邀请他串门的事，让邬颢一下子明白了他的来意。其实邬颢即使没时间，完全可以打个电话关照一下当地市、县领导，柞木沟子人照样受益。不过，他是一个常务副省长，他头上顶的是全省百姓，决不单单是一个柞木沟子。他自己欠老百姓的那份情谊，绝不可能利用职权、拿党和国家的利益来偿还。当他得知老队长拒收那2000块钱时，他的心被深深震撼了，乡亲们误解了他！怎么办呢？邬颢想到了自己的儿子，也就是所谓的许老板。邬颢在南方从政时，坚决不允许儿子活在自己的光环下，所以，儿子大学毕业，也只能自谋职业。小伙子前后做了多次尝试，一直磕磕绊绊，做得不是很理想，也就时常抱怨父亲，说他这官当得窝囊。昌顺爷这回去省城，一下子提醒了邬颢，邬颢官做得大，却并没有多少积蓄，这次一咬牙全拿了出来：“儿子，老爸当年放过猪的柞木沟子，据说还埋在深山不为人识。那里的山野菜资源相当丰富，你化名到那里去搞一下山野菜的开发，盈了利，算你的；赔了，算老爸的。”许老板有了本钱信心足，加上他这些年已经积累了经验，又是与憨厚朴实的山民做交易，果然就获得了成功！

“爸爸说过,共产党人也是人。受人滴水,报以涌泉是为人的基本品质,他当然不可能例外。但他又绝对不愿意搞那一人得道鸡犬升天的卑劣行径。通过这种方式表达感恩之情,是最佳方式。我借这方宝地获得了成功,也替父亲完成了一桩心愿。”

“为什么要走?在这儿做得挺好的呀。”

许老板说,他妈妈去世早,爸爸作习没规律,生活上又特别节俭,毕竟年纪大了,他不应当离开爸爸很远:“爸爸已经奉命调往北京工作,这边工作已经交接完了。否则,他怎么可能让我披露实情的?”

乡亲们恍然大悟,省长啊,真难为您了,您没有忘记这方百姓。回想他调来的这几年,全省,尤其是农民的经济状况有了相当大的改善,这里面肯定有他的贡献。再看梨树沟,虽然吃了偏饭,可那天上掉下来的救济,并不是人人懂得珍惜,加上那里并不是很适合五味子的生长,大部分已经荒废……如今,那边还不如这边过得滋润。

没有人号召,柞木沟子人一夜之间换了口径,出门逢人就炫耀:“知道刚调走的那位邬颢省长吗?那是俺家乡人!”大家从心底感到,跟这样一位好领导攀老乡,那是一份光荣!

拿性命感化你

县城里有家酒买卖叫冯家烧锅,管账的是孟先生。这年岁底的一个傍晚,正到了催租收债的关键时候,那个平时下乡催债的伙计突然病倒。民俗,过了岁底再收债,会被指责成没人性的,事不容缓,孟先生便亲自代东家收欠账去。来到乡下,收完欠账,免不了吃下几盅酒。主人担心他摔着,一定要留在这儿过了夜,天明再走。恰恰最近官家刚刚剿灭了一茬土匪,地面上清净得很,何况孟先生胆大心细,此生没怕过什么,就说,下雪时并不觉冷,要是明早天晴了,那才是滴水成冰呢。孟先生告别主人,嘴里哼着蹦蹦调儿,高一脚低一脚地一路走去。

孟先生走下山冈,穿过一片柳树趟子,猛感觉脖子后一凉一硬,待反应过来,已经迟了,一杆老铳抵住了他的后脑瓜!原来这柳树丛中趴着一个劫道的,浑身上下完全被雪埋掉,根本发现不了。强盗在他身后闷哧哧地喝道:"要是打算回家过年,那就把口袋丢下,人照直往前跑。爷是要钱不要命的。"

这时,枪口沾着的雪融化成水,顺脖子流到了脊梁上。可孟先生却站着不动,嘴里说:"壮士要杀就杀吧,何必多言?"

"你耳朵塞驴毛了吗?"歹徒吼道:"爷说过,爷只要钱,不要你命。"

孟先生苦笑道:"壮士以为这钱是我的?这是给东家讨的债。你现在无凭无证的把钱抢了去,我回去如何跟东家交代?所以,你还是打死我的利索。”

贼哪里听他这一套?他趴在雪地里守候一天,棉衣几乎湿透了,好不容易等上一桩“买卖”,那是不能放过的。他怒吼一声:“给你脸不要,那别怪我不仁义了。”说罢,就要扣动扳机。

孟先生见贼人不通融,嘴里说:“慢,这钱肯定是你的啦。不过,我有件事求你,答应了,我做鬼也不找你麻烦,怎么样?”

孟先生告诉那强盗,他死也不要紧,只是家中有八十岁的老娘,一条腿还不利索,他死后,壮士如果有良心,应当可怜老人,有空帮助挑点水,劈个柴什么的……

这一说,强盗动了心,眼前这位孝子,杀了他确实是罪过呢。但是,放过他,这年他怎么过?

孟先生感觉出脑袋后的枪管在微微颤抖,知道对方已被他打动,就说:“我没说不让你要这钱,可没凭没证的,我不好向东家交代呀。你如果愿意成全我,那就朝我不紧要的地方打一枪……”

这强盗一想,有道理。就把枪抵住孟先生大腿,想了想,他娘的腿瘸,别让儿子也瘸了无法挑水,便只擦去老孟一块肉皮。

那时的老铳是火药枪,只能打一响,完事,就得另装弹药。强盗打完,急火火地背起钱褡子要走,孟先生喝了声:“慢着。”强盗一回头,眼前是一只黑洞洞的枪口,没想到孟先生怀中揣着一把当时极罕见的短枪!

那强盗恨得咬牙切齿:“都怪我脑子糊涂,才中你奸计。你不到三十岁的样子,你娘怎么会有八十了,她五十多还会养孩子?你他娘的算什么东西,使这种下三烂的把戏。”

“你这也算不成上三烂吧?”孟先生冷笑,“什么奸计,我这叫智取。你听见哪个骂诸葛亮奸诈过吗?把你的枪和我的钱褡子背好了,走。”

孟先生把强盗押进了县衙门,那小子还从牙根处挤出几个字:“十八年后再见!”孟先生这才知道,小伙子十八岁了,他叫嚣下辈子托生了,还要找他寻仇呢。

然而,强盗并没有被像刚刚抓到的同行那样,游街示众砍脑袋,而是被判了徒刑,发配到了遥远的新疆。

孟先生大智大勇保住钱财,为民除害的故事,在小县城里越传越神,他受到了所有人的尊敬,而提及此事,孟先生却讳莫如深,只是苦笑着摇头。

不知过了多少年,孟先生自己有了买卖,也当了东家,人也熬成了齿落发稀,腿软背驼的老翁。这天夜里,他戴着老花镜,正伏在蜡烛前拨打算盘,门开处,进来一位不速之客,正是当年那剪径的蟊贼!这贼自从落网那一刻,就发誓一定回来报此暗算之仇。刑满释放,他匆匆回返,没想到半路上被抓了兵,受尽艰辛,好歹从兵营里逃了出来,又差点被人抓到砍了脑壳!思前想后,他认定这些灾难全是姓孟的造成,于是一路上乞讨着回来一定要寻到孟先生讨个说法。

“你认得我么?”

“哪能忘了?我睁眼闭眼都是你当年的模样。如今胡须满面,可双眼皮下那双眼睛还是锃亮的嘛。”

汉子从腰间抽出一把雪亮的钢刀:“明年今晚,是老贼的周年。”

孟先生嘴里哀求:“大爷开恩。你要多少钱,说个价,我拿。只求留下这把老骨头。”汉子哪里肯听?用钢刀背磕着孟先生的头顶大骂:“你当我死在异乡了是不是?当年你把无赖说成智取,骗得大爷好苦。今天大爷不要钱了,跟你清清账。大爷遭一年罪,教你吃大爷一刀,你数好了,这是第一年的。”说着,“喀”地一刀,剁在孟先生后脑勺上,肉皮白花花分开,碎骨渣儿都看得分明,少时,血才涌出来,把头发染成了褐色。

强盗边剁边骂,待砍到第三刀,猛然发现,老孟伏在案上,动也不动,试探鼻息,已经死了。强盗大悔,后脑勺那地方原本是不经剁的,自己怎么就把持不住呢?于是骂道:“让你老龟孙便宜了十多刀。不过,老子光明磊落,说不要钱,你家中我可是分文未取。”把刀一掷,转身就走。

这时,就听微弱的一声:“壮士留步。”那歹徒以为听邪了耳朵,仔细一辨,但见孟先生挣扎着从桌上抬起头来,嘴里说:“老朽有件东西送你,做个念想。”说着,将手中一把短枪拍在桌上,往前一推:“还是当年那把枪,你收着吧。”

强盗呆住了。他入室亮刀前,孟先生完全可以开枪击毙他呀,这是怎么回事呢?

“先生……您原来不想杀我?”

孟先生抓起一块手绢捂住伤处,歹人急忙向前,帮助他止血。然后说:“孟先生,现在该您选择了,一是把我打死,二是告诉我,你老为什么刚才不开枪?”

孟先生叹了口气,说当年送他见官,是迫不得已,火铳顶在脑袋上。等他把灾难化解,已吓得尿在了裤子里,后来,腿部又挨了一枪,这状况根本背不动那么多钱,还有一杆火铳呢,要是强盗背后打冷枪,那岂不前功尽弃?强盗收监后,孟先生就后悔了,因为他听说,知县要杀一儆百,决定砍头的。这强盗当时没要他的命,说明很懂人情味的,能上孟先生的当,也证明他不过是个雏儿,若换成惯匪,你说得龙叫唤,也不好使!于是,他不但把那点赏钱打点出去,自己还搭上不少大洋,这才保住了对方的一条命。

“我天天盼望能当面跟你道个歉,可你实在来得太迟了。”孟先生说:“今晚我又一次耍小聪明,却是冒了天大的险。如今这枪给你,你愿意弄死我,就下手;不弄死我,你就得留下来给我扛活。否则你今后无家可归,那结果也是我造成的,我就是死也闭不上眼哪。”

“那刚才若是真让我剁死了,你这些话冲谁说去?”那歹人好不诧异。

“宁可天下人负我，我不负天下人。”孟先生说，“我这年纪，又留下这份家业，死了也值；可怜你作案后，浪迹天涯，却也还是让我逼得呀。”

那强盗“扑通”跪在地上：“我的亲爹，你豁出性命来感化我，亲爹娘活着，也未必做得到！我魏驴子这条命就押在你府上了。现在你就是想赶我走，门都没有啊。”

从此，魏驴子就扎根在孟家，成了最得力的伙计。孟先生待他如同亲生，帮他娶上媳妇。后来，见孟先生的儿子无后，魏驴子还让自己一个儿子姓孟，替老先生延续香火呢，两家的冤仇当然也随之烟消云散了……

哑巴狗老笨

北陵公园山脚下有20多幢平房，依山傍水住着20多户人家，小自然屯就叫“后脚窝子”。小屯里有位薛大妈，女儿出嫁，偏巧老伴又撇下她去了另一世界。薛大妈就一个人孤孤单单，好在她年轻时当过街道干部，退休后有养老金，日子还混得下去。

这天，薛大妈要过小桥去市场买菜，路过一个垃圾堆，听到一群孩子笑闹声不绝。干什么？她近前一看，见垃圾堆边站着一条夹着尾巴的小瘦狗崽子，一尺来长，孩子们正嚷嚷：“抓住它，扔小河里去。”“给它绑上棉花，蘸汽油点着它。”薛大妈火了：“你们这帮孩子不好生回家写作业去，欺负只小狗有什么意思？”孩子们辩解道：“您看它身上烂的，有传染病。”大妈一看，这小狗，真是浑身长满了癞疮，淌着黄水，迎面一股刺鼻子的臭味儿。大妈更加可怜这狗了，就掏出10元钱，对孩子们说：“拿去买雪糕吃，这狗交给我吧。”孩子们得到钱，欢呼着跑开了。

大妈向那可怜的小狗崽儿招招手。奇怪，刚才见了人躲得老远，想拣垃圾吃却不敢近前的小狗，此时却乖乖地跑过来，竖起尾巴讨好地摇着，还伸出粉红色的小舌头，舔大妈的手。大妈叹口气：“这说明咱俩有缘哪，走，跟我回家。”菜不买了，薛大妈头前走，那小狗摇头摇尾，竟然跟着一直进了大妈的小院。

薛大妈让小狗吃了个饱,她出去买回一些凡士林,将小狗用盐水洗了一遍,涂上凡士林,拍拍小狗的脑袋:"你别舔它啊。"简直是奇了,那小狗居然不去舔那伤处!

大妈捡回条没人要的瘦癞狗,邻居们纷纷嘲笑她:"农村胖乎乎的狗崽子多的是,你凭啥养这货?我给你要一只,把它扔掉算了。""'家业待要旺,狗大孩子胖;家业待要败,猫瘦孩儿猴狗长癞'。你倒是稀罕它哪点儿?"大妈说:"我啥也不图,也根本不想养什么狗,就是可怜它孤单单没人疼。好歹也是条性命吧,求你们别再说三道四的啦。"大妈继续伺候那瘦狗,还给它取名"老笨"。邻居们又笑了一阵:"还叫它'老笨',我看这主人就够笨的。"

别说,三个月后,那老笨浑身癞疮全部退去,长出一身缎子似的黑毛,个子也迅速长大,两条前腿立起来,能够着薛大妈的肩膀了!大妈见谁跟谁夸:"怎么样,我的老笨死不了啦吧。"

老笨也有缺欠,不会叫。来了生人,它劈面拦住,用鼻子发出一种类似"哼"的声音,吓对方一跳。大妈不嫌:"我捡来的,就说明是缘分,哑巴就哑巴吧,谁也没指望它去唱歌是不是。"依旧领着它走东家串西家,老笨成了大妈的仆从,大妈走到哪儿,它跟到哪儿,可以说寸步不离。大妈的一个眼神、一个手势,老笨都能领会。大妈制了一只布兜,每次买完菜,装进布兜,往老笨脖子上一套,老笨就乖乖地给驮回家。大妈在河对岸的豆腐坊订了一份豆浆,每天早晨,她把豆浆瓶子装进布兜里,老笨叼起来直奔小桥,哪次叼回来,豆浆都是热的。老笨还认生,除了大妈,谁给的食物也不吃。大妈就哈哈笑:"真是活祖宗!我上辈子欠你的,这把年纪,还得亲自伺候你。"嘴上骂,心里却是无比甜蜜!

这年冬天,小屯里突然来了一帮人,手执证明书,肩背快枪,说是市里的打狗队,执行市长会议决议,要彻底消灭狂犬病,三天之内,把市区的狗打光。他们见狗就开枪,随行的小车上装着十多条滴着血的死狗……薛大妈吓得脸色煞白,眼看打狗队就闯进院子里来了,除了狗窝,小院中再没有藏匿的地方!慌乱中她拉开碗柜的小门儿,对老笨说:“就看你的命了,进去别出声。”那老笨一个高蹿进碗柜里,身子收缩,刚刚能关上小门儿。这时,打狗队已踢开大门进了院子,去狗窝里找不见,便进屋问:“老太太,你家的狗呢?”“没有狗啊。”“没狗?你那狗窝里怎么连蜘蛛网和浮尘都不见,分明是你藏起来了。”大妈硬撑着:“我藏起来了?你们找哇。它是两天前走丢了。”“老太太,《文明市民公约》学过吗?那狗回来,你得主动给送了去,否则,后果自负。”领头的那个汉子找条凳子,就坐在碗柜门口,边抽烟,边给大妈上政治课。大妈扫一眼那小门儿,两扇对关的,没有锁,让老笨撑得裂开一道小缝,仔细点都能瞅见狗毛,老笨只要大喘一口气,那小门就会立刻崩开!薛大妈的心都提到喉咙眼儿啦,这老笨见生人如同仇敌,它只要把嘴往外一伸,今天就是个死呀……可是,直到打狗队拍拍屁股走人,大妈把院门关严实了,老笨愣是一动没动!大妈放它出来,小东西憋得直哆嗦,尿了好大一泡尿,大妈这个后怕呀,它如果尿在碗柜里,还不被打狗的发现了?

薛大妈搂住老笨哭得昏天黑地:“孩子,你就是我的孩子,这辈子只要我有一口气,就决不让你受到伤害……”

老笨长成一条大狗了。它整天跟着大妈逛市场,陪大妈到邻居家打牌,晚上跟大妈过桥去市区扭秧歌,大妈扭,它就跟人似的,静静地坐在外圈当观众……大妈玩到深夜,回家也不再怕劫道的,这哑巴狗远近闻名,哪个坏蛋敢打老太太的主意?

这一天,大妈到市场买菜,正计较价钱,突然听到老笨“哼”了一声,大妈猛吃一惊,这畜生可别在公众场合惹事啊。回头一看,嗬,老笨咬住了一个年轻人的手腕,那只手上还捏着大妈的钱包!众人一片欢呼:“这哑巴狗厉害,应当配合公安局抓坏蛋去。”有人打电话报了警,不大工夫,派出所来人将那小偷带走了。

谁也没想到,这小偷平时跟派出所的所长处得熟,经常打点他老人家。所长有他自己的人生观:“贼都抓光了,警察吃个屁!”冲小偷屁股上踹一脚:“你狗改不了吃屎。你还不如吃屎的狗。回去给我老实点儿。”踢完就放了!

小偷回家,忍痛买了好烟、名酒,送到所长家里,所长又赏他一顿训斥。离开所长家,他又羞又恼,决定报复一下那老死太太。小偷召集了三个同伙,商量好计策,买回肥肉、瘦肉和火腿肠,拌上足量的“毒鼠强”。该死的哑巴狗,你不吃肥肉还有瘦肉,不吃肉还有香肠,看哥们儿把老太太的家抄了,再送你去饭店里下汤锅,把损失补回来。几个贼策划得万无一失,深更半夜蹑手蹑脚靠近薛大妈的板障子。从门缝里一瞅,嘿,那哑巴狗真就箭一般地射过来,却没出声。这一伙赶紧把毒饵塞进院子里,畜生哪有不贪吃的?老笨叼起来就跑,全给叼进窝里,再推门,就没了动静。这帮贼觉得狗给药死了,还怕个啥呢,便一个接一个从障子上跳进院子。哪想到刚接近大妈的窗口,只听“哎呀”一声惨叫,其中一个贼的脸皮被撕了下来耷拉着;又一声“娘哎”,另一名贼的大腿给咬掉一块肉;没受伤的俩贼一看,老笨正威风凛凛地瞪着他们,敢情它也会迷惑敌手,那毒肉叼回窝里去却并没吃!一个贼马上拔出长刀,还没举起来,老笨影子似地扑过去,一口咬住了他的手腕,另一名贼吓得跪在了地上。这样,老笨坐在一边,只要见哪个敢稍微一动,它就扑过去“吭哧”一口,每一口都见血!此刻,众蠢贼再也顾不得后果了,他们扯着嗓子嚎叫:“我的亲大妈,亲祖奶奶哎,您老人家快把我们送派出所吧,要出人命啦!”

大妈这才从睡梦中醒来,拿电棒一照,其中一个认得,就冷笑道:“你出来挺快啊。怎么,愿意进局子,想通了?”贼们不住叩头:“这狗疯了,派出所好歹还得给我们扎疫苗。”大妈呸了一口:“它没疯,是你们疯了。”那时这小屯还没安电话,老太太从容喊醒邻居,骑自行车过河去报案,大妈嘱咐:“直接到公安局,那所长靠不住。”直到公安局派人来到,那四个贼还直挺挺地跪在地上一动不敢动，有两个尿在了裤子里，一个想打喷嚏都不敢，怕老笨咬，憋得翻白眼了……

老笨抓贼立功，大妈获得政府刚设立的“见义勇为”奖，那个派出所所长也被清理出公安队伍。这一带的治安大有好转，老笨上了报纸，知名度一下子提得老高，它在市场上走，市民都以摸摸它的毛为荣幸，老笨听话，只要是善意的，谁摸都行，它还跟不少市民合过影呢。

老笨跟大妈生活了十几年，它终于老了，牙掉了，见食物也不亲，有生人进院，也懒得出来“哼”了。它身上又开始溃烂，别说凡士林，高档药都搽不好。大妈咨询兽医，兽医说，它到寿了，活不过今年。大妈只会抱着它哭：“老笨哇，你应当先送我走哇。”

大妈的女儿带着外孙，趁暑假来陪老妈住几天，而老笨已经三天没吃东西了。女儿抱怨妈：“您这么大年纪，怎么跟孩子似的不懂事？它再好，也是畜生，狗一饿，就会疯，咬人人死，咬物物疯的，我马上打电话叫人来打死它。”大妈眼圈立刻红了：“你这是可怜我回来陪我吗？想杀它，除非先杀了我。”女儿只好作罢。

这天大雨倾盆。半夜时分，门被挠得哗哗响。大妈和女儿、外孙被吵醒了，原来是老笨。大妈怜悯地说：“老笨从不挠门，它可能冷了，开门让它进来。”把老笨放进来，它顾不得抖落浑身的雨水，却冲着炕上的小外孙“汪汪”叫！大妈十几年了，头一次听到老笨会叫，而且吠得是那样粗犷、洪亮！大妈既惊又喜，流着泪说：“老笨啊，你原来不哑巴啊，你是想吃东西了吧？他也是小主人，不可以冲他叫的。”话音未落，老笨叼起小外孙的书包往外就跑，文具盒也掉出来，铅笔摔了一地。小外孙“哇”地哭了。女儿骂道：“这畜生，临死不留念想。快追赶去啊，娃书包湿了，拿什么交作业。”就起身抄起根棍子追进了雨地里。

薛大妈喊女儿：“你站住。老笨灵着呢。它就算老了，也不可能干糊涂事，必有原因，咱跟它走。”大妈带着雨具，同小外孙一同追老笨。

老笨一直把大妈三口带到一棵老树下，然后，冲小屯再次叫。大妈说：“肯定有事。”便在雨中喊：“都起来啊，老笨乱叫，必有异常啊。”好多人被喊醒，带着雨具稀里糊涂赶到大妈这边，也有起来骂的，说大妈闹妖，好生生的喊什么呀。骂声未绝，就看见天边蓝光一闪，轰隆隆一阵巨响，小屯后面整座山体滑坡，二十多幢房屋瞬间全被埋进泥沙里！

逃得性命的邻居齐夸老笨，是它救了大伙的命啊。大家纷纷表示，天明后，第一件事，就是把它送到最好的医院，即使倾家荡产，也要治好老笨的病，大家离不开它呀。老笨非常乖巧地偎依在薛大妈的身边。邻居还真有带食物的，喂给老笨，它居然吃了一些，然后，把脑袋枕在大妈的膝盖上。大妈像拍孩子睡觉似的说：“肯吃东西，就有救了。老笨，你太累了，先睡一会儿，咱天明去大医院。”

市领导闻讯，火速组织营救抢险队，由书记亲自带队，赶赴现场。抢险队远远地听到哭声一片，只以为有些人家的亲人遇难了，等近前一看，才知道，薛大妈的老笨枕在老太太的膝盖上，永远地睡去了……

肃立在老笨的尸体前，连市委书记也情不自禁地摘下眼镜，泪水顺着他的脸颊刷刷地流淌……